TRAITÉ
DES
SELS,

Dans lequel on démontre qu'ils sont composés d'une terre subtile, intimement combinée avec de l'eau ;

Par George-Ernest Stahl:

TRADUIT DE L'ALLEMAND.

A PARIS,

Chez Vincent, Imprimeur-Libraire, rue S. Severin.

M DCC LXXI.

Avec Approbation, & Privilége du Roi.

AVERTISSEMENT
DU TRADUCTEUR.

PRESQUE tous les chymistes, depuis Isaac le Hollandois & Paracelse, admettoient dans le corps un principe salin, que la plûpart d'entr'eux confondoient avec les sels grossiers, qu'ils employoient dans leurs travaux. Beccher a le premier enseigné que, s'il existe un tel principe, ce doit être un être simple, & qu'il y a très-grande apparence que ces peres de la chymie avoient voulu désigner par-là la terre vitrescible, qui, selon lui, forme en effet, en se combinant avec l'élément aqueux, l'acide vitriolique, le plus simple des sels, & auquel tous les autres doivent leur origine. Mais ce sçavant chymiste s'étoit contenté d'annoncer cette doctrine dans la premiere Partie de sa Physique souterreine, & s'étoit réservé d'en donner les preuves dans la seconde Partie, qui n'a jamais vu le jour. C'est pour remplir en quelque sorte ce vuide, que M. Stahl publia l'ouvrage dont nous donnons cette Traduc-

tion. Il s'y étoit proposé sur-tout de démontrer par des faits & des expériences, que l'acide vitriolique n'étoit composé que de terre & d'eau. Nous sommes forcés d'avouer que sa démonstration n'est pas rigoureuse. Il en résulte, à la vérité, que l'élément terreux & l'élément aqueux entrent dans la combinaison saline ; mais rien ne prouve qu'ils y entrent seuls. Il eût été à souhaiter qu'en recombinant de nouveau ces deux élémens, il eût pu reproduire l'être salin ; comme, en recombinant le principe de l'inflammabilité avec l'acide vitriolique, il étoit parvenu à reproduire du soufre. Ce complément eût mis le sceau de l'évidence à sa démonstration. Nous ne croyons pas cependant que ce vuide, dans les preuves de M. Stahl, autorise l'opinion de ceux qui, outre les deux élémens terreux & aqueux, admettent dans les sels un prétendu principe salin, qu'ils supposent assez delié pour s'échapper dès que l'union des deux autres élémens vient à être rompue ; de sorte qu'il est absolument impossible, selon eux, de pouvoir le saisir ou le rendre sensible par aucun moyen. Des suppositions aussi gratuites ne doivent jamais être admises dans une science qui ne doit être fondée que sur des faits, si on ne veut pas se replonger dans le chaos des systêmes qui ont tant nui aux progrès de la physique.

Non content de développer la nature des sels, M. Stahl entre dans les plus grands détails sur leurs différentes combinaisons, les phénomenes qui les accompagnent, & les causes de ces phénomenes. Cette partie de son ouvrage n'est ni la moins curieuse, ni la moins importante, puisque les sels sont, de tous les agens que la chymie emploie, ceux dont elle tire le plus d'avantages, tant pour pénétrer dans la composition des autres corps, que pour en opérer de nouvelles combinaisons. Nous osons dire qu'à cet égard l'art a fait peu de progrès, &, que quoique depuis que cet ouvrage a paru, un très-grand nombre de chymistes ayent fait des sels l'objet de leurs travaux, ils n'ont rien ou presque rien ajoûté à la doctrine que M. Stahl y a établie. Nous croyons donc pouvoir nous flater qu'on nous sçaura quelque gré d'avoir mis les chymistes, qui ignorent la langue alle-

mande, en état de profiter d'un ouvrage
si utile. Nous n'avons rien negligé
pour rendre notre traduction exacte &
fidele. Ceux qui connoissent la maniere
d'écrire de l'Auteur sentiront que ce n'é-
toit pas une chose facile ; ce qui nous
fait espérer qu'on aura quelque indul-
gence pour un petit nombre d'endroits
obscurs que nous avons rendu le plus
littéralement qu'il nous a été possible,
mais dont nous avouons qu'il nous a
été impossible de développer mieux le
sens.

PREFACE

DE

L'AUTEUR (*a*).

QUOIQUE la vérité soit fondée sur un petit nombre de
principes, qu'elle soit une & simple pour ceux qui sçavent la saisir, cependant l'esprit humain est
souvent tellement obscurci, qu'il est
forcé de s'égarer & d'errer, pendant
long-tems avant que de rencontrer
la route qui y conduit. Si l'on examine la cause de ces égaremens, on
trouvera qu'ils viennent du penchant que l'homme a pour s'écarter
du chemin le plus uni, pour s'ou-

***

(*a*) Cette Préface, quoiqu'assez courte
dans l'original, ne laissoit pas d'être diffuse.
On a cru devoir en donner l'Extrait plutôt
qu'une Traduction littérale.

vrir des routes inconnues , qui l'éloi-
gnent de fon objet. Salomon a bien
fenti cette erreur , lorfqu'il dit que
»Dieu a fait les hommes fimples ,
»mais qu'ils fe perdent, en cherchant
»un trop grand nombre de connoif-
»fances.» C'eft dans le même efprit,
que S. Paul a dit que la «fcience en-
«fle.» En effet l'expérience journaliere nous montre que les hommes
cherchent à fe furpaffer les uns les
autres , par les apparences de la
fcience , tandis qu'au fond leurs connoiffances font très-bornées.

Néanmoins, comme le chemin de
la vraie fcience eft ouvert à tout le
monde , il ne s'agit que de prendre
celui qui y conduit directement.
C'eft alors qu'on marchera d'un pas
fûr , & que l'on pourra avancer fans
craindre de s'égarer. Mais, pour cela,
il faut de la patience , de l'attention
& de l'application. Il ne faut pas

fur-tout fe figurer que l'on fçait,
lorfqu'on ne connoît que fuperficiel-
lement les chofes; erreur qui conduit communément à l'oifiveté, &
produit l'indifférence : fur quoi Séneque dit avec beaucoup de raifon:
*Multi ad fapientiam pervenifent, nifi
jam fe eò pervenifse putafent.*

La vérité de cette maxime n'eft
que trop clairement prouvée : je
veux donc fimplement l'appliquer
au fujet que je traite. Il y a cinq ans
que j'ai publié mes *Réflexions fur le
Soufre*, fondées fur mes propres expériences. J'y ai prouvé que la fubftance que *Beccher* a regardée comme
la bafe de toutes les combinaifons,
tant colorées qu'inflammables, eft,
par elle-même, d'une nature terreufe,
& que non-feulement elle eft faite
pour être folide & féche, mais encore qu'elle eft fufceptible de fe
combiner très-fortement & très-ai-

fément avec des fubftances plus
groffieres, & que l'on juge plus terreufes, au point de ne pouvoir
en être féparée qu'avec bien plus
de difficulté que d'autres combinaifons plus foibles, dans lefquelles elle s'incorpore plus difficilement & plus lentement. Mais j'ai fait
connoître, dans la Préface, que j'étois
en état de prouver l'exiftence d'une
autre terre femblable, dont *Beccher*
a auffi parlé; je veux dire le principe primitif des fels, qui, quoique
d'une autre efpece, eft cependant, en
général, une matiere terreufe, groffiere, & fenfible, intimement combinée avec de l'eau.

Un Lecteur intelligent pourroit
n'avoir pas befoin, que j'ajoûtaffe
rien à ce que j'ai dit du foufre, dont
j'ai montré l'analyfe à la fin de mon
Traité, où j'ai fait voir que non-feulement la fubftance faline la plus

simple, qui est dans le soufre, dans le vitriol & dans l'alun, pouvoit être réduite en terre, par toutes sortes de moyens, mais encore que le phlo-gistique, qui proprement constitue le soufre, s'y incorporoit si forte-ment, que la plus grande violence du feu ne pouvoit plus l'en chasser.

Mais, comme plusieurs person-nes pourroient encore desirer quel-ques expériences ultérieures, pour prouver cette vérité, & pourroient demander à la voir confirmée par l'exemple des autres sels réduits au même point, j'ai voulu satisfaire leurs desirs dans le présent Traité, sur-tout après avoir été sommé, dans un Ouvrage imprimé, de rem-plir mes engagemens. Je me flate cependant que mes Lecteurs me pardonneront; si je n'ai point donné à mon style & à mes idées une correction que les circonstances où je me trouve ne me permettent point de leur donner, étant obligé de jetter mes réflexions sur le papier, à mesure qu'elles se présentent à mon esprit.

J'ajoûterai que j'aurois bien pu déja trouver le moyen de publier quelques observations, tant sur les soufres, que l'on nomme *fixes*, dont il s'agit dans le précédent Ouvrage, que sur les objets dont il est question dans les derniers chapitres du présent Traité ; mais je m'en suis abstenu à dessein, parce que ces choses sont contraires à mes vues invariables, & feroient naître des idées dont je desirerois plutôt de détourner les personnes avides, que de les y entretenir. Les Lecteurs prudens se contenteront, ainsi que moi, de s'occuper de la

recherche de vérités claires , propres à exercer leur esprit , & à
satisfaire leur curiosité : ils les pré-
féreront à des espérances inutiles ou
chimériques.

TABLE
DES CHAPITRES

Contenus dans le Traité des Sels.

Fin de la Table des Chapitres.

APPROBATION.

J'Ai lu, par ordre de M.gr le Chancelier, un Ouvrage ayant pour titre : *Traité des Sels*, &c ; & je crois qu'on peut en permettre l'impreſſion. A Paris, ce 15 Octobre 1770.

Signé GARDANE.

PRIVILEGE DU ROI.

LOUIS, PAR LA GRACE DE DIEU, ROI DE FRANCE ET DE NAVARRE : A nos amés & féaux Conſeillers, les Gens tenans nos Cours de Parlement, Maîtres des Requêtes ordinaires de notre Hôtel, Grand-Conſeil, Prévôt de Paris, Baillifs, Sénéchaux, leurs Lieutenans civils, & autres nos Juſticiers qu'il appartiendra : SALUT. Notre amé le ſieur PHILIPPE VINCENT, Libraire à Paris, nous a fait expoſer qu'il deſireroit faire imprimer & donner au Public un Ouvrage qui a pour pour titre, *Traité des Sels*, s'il Nous plaiſoit lui accorder nos Lettres de Privilége pour ce néceſſaires. A CES CAUSES, voulant favorablement traiter l'Expoſant,

Nous lui avons permis & permettons par
ces Préfentes, de faire imprimer ledit
Ouvrage, autant de fois que bon lui fem-
blera, de le vendre, faire vendre & débiter par tout notre Royaume, pendant le
tems de fix années confécutives, à compter du jour de la date des Préfentes. Fai-
fons défenfes à tous Imprimeurs, Libraires, & autres perfonnes, de quelque qualité & condition qu'elles foient, d'en introduire d'impreffion étrangere dans aucun
lieu de notre obéiffance, comme auffi
d'imprimer, ou faire imprimer, vendre,
faire vendre, débiter, ni contrefaire lef-
dit Ouvrage, ni d'en faire aucun extrait,
fous quelque prétexte que ce puiffe être,
fans la permiffion expreffe, & par écrit,
dudit Expofant, ou de ceux qui auront
droit de lui, à peine de confifcation des
Exemplaires contrefaits, de trois mille
livres d'amende contre chacun des contre-
venans, dont un tiers à Nous, un tiers à
l'Hôtel-Dieu de Paris, & l'autre tiers audit
Expofant, ou à celui qui aura droit de lui,
& de tous dépens, dommages & intéréts :
à la charge que ces Préfentes feront enre-
giftrées tout au long fur le Regiftre de la
Communauté des Imprimeurs & Libraires
de Paris, dans trois mois de la date d'icelles; que l'impreffion dudits Ouvrage, fera
faite dans notre Royaume, & non ailleurs, en beau papier & beaux caracteres,
conformément aux Réglemens de la Li-
brairie, & notamment à celui du dix Avril
mil fept cent vingt-cinq, à peine de dé-

chéance du préfent Privilége ; qu'avant de l'expofer en vente, le Manufcrit, qui aura fervi de copie à l'impreffion dudit Ouvrage, fera remis dans le même état où l'Approbation y aura été donnée, ès mains de notre très-cher & féal Chevalier, Chancelier, Garde des Sceaux de France, le fieur DE MAUPEOU ; qu'il en fera enfuite remis deux Exemplaires dans notre Bibliotheque publique, un dans celle de notre Château du Louvre, & un dans celle dudit fieur DE MAUPEOU ; le tout à peine de nullité des Préfentes. Du contenu defquelles vous mandons & enjoignons de faire jouir ledit Expofant, & fes ayans-caufes, pleinement & paifiblement, fans fouffrir qu'il leur foit fait aucun trouble ou empêchement. Voulons que la Copie des Préfentes, qui fera imprimée tout au long, au commencement ou à la fin dudit Ouvrage, foit tenue pour dûement fignifiée, & qu'aux Copies collationnées par l'un de nos amés & féaux Confeillers Secrétaires, foi foit ajoûtée comme à l'Original. Commandons au premier notre Huiffier ou Sergent fur ce requis, de faire, pour l'exécution d'icelles, tous actes requis & néceffaires, fans demander autre permiffion, & nonobftant clameur de Haro, Charte-Normande, & Lettres à ce contraires. CAR tel eft notre plaifir. DONNÉ à Paris, le vingt-unieme jour du mois de Mars, l'an de grace mil fept cent foixante-dix, & de notre Règne le cinquante-cinquieme. Par le Roi en son Conseil. *Signé* LEBEGUE.

Registré sur le Registre XVIII de la Chambre Royale & Syndicale des Libraires & Imprimeurs de Paris, N° 1019, Fol. 143, conformément au Réglement de 1723. A Paris, ce 30 Mars 1770.

Signé BRIASSON, *Syndic.*

TRAITÉ

TRAITÉ

DES

SELS.

CHAPITRE PREMIER.

De la vraie Chymie ; de ses principes, & des trois terres qui font la base de toutes les combinaisons minérales.

RIEN n'est plus vrai que l'observation que fait Séneque, lorsqu'il dit que la philosophie est si respectable, que son apparence même a le droit de nous plaire. Ce que ce grand homme a dit de la philosophie, en

A

général, peut être appliqué à toutes
ses parties. On a tant de vénération
pour la vertu, que tout le monde
s'efforce d'en avoir au moins les
dehors ; la plûpart des hommes montrent une si grande estime pour les
sciences, que personne ne veut passer
pour ignorer leur mérite : il y a même
bien des gens qui, pour en imposer,
& pour faire croire qu'ils les possè-
dent, affectent de leur donner les
louanges les plus outrées, dans la vue
de se rendre par-là plus recomman-
dables eux-mêmes. La chymie a été,
pendant plus de deux cens ans, en
proie à des charlatans qui ont fait
une infinité de dupes, dont les facultés, la santé, la vie même, ont
été sacrifiées à leur crédulité. Ce bri-
gandage a duré jusqu'à ces derniers
tems, où quelques personnes ont com-
mencé de s'occuper sérieusement de
cette science. Leur petit nombre ne doit
point surprendre. Il étoit naturel que
les impostures, & les fausses pro-
messes des faiseurs d'or, les préten-
dus arcanes, les remedes universels,
les préparations pharmaceutiques, sou-

vent dangereuses, des alchymistes,
rendissent la chymie odieuse aux personnes honnêtes & sensées, & leur
donnassent du dégoût pour une science
livrée à la fraude & à l'imposture.
Malgré cela, le travail des mines, &
la métallurgie qui s'occupe de la purification des métaux, n'a pas laissé
de fournir plusieurs expériences dignes
d'attention, par les avantages qui en
résultoient pour la société. Sans vouloir ravir à personne le tribut de louanges, qui lui est dû, je ne puis m'empêcher de dire que je ne connois aucun auteur qui ait parlé d'une maniere
plus satisfaisante, & plus claire, des
substances du règne minéral, de leur
combinaison, & de leurs principes,
que le célèbre Beccher. Il a été suivi
de près par le fameux Kunckel, qui
doit être regardé comme un artiste
très-expérimenté, & très-versé dans
la pratique de la chymie.

J'ai déja fait connoître suffisamment, dans mon *Traité du Soufre*,
quelle est la difference qui se trouve
entre ces deux hommes : j'ai fait voir
que je regardois Kunckel comme un

artiste très-exact , & très-laborieux ,
qui , non content d'opérer , a voulu
chercher à connoître les causes des
phénomenes qu'il voyoit ; mais il n'a
pas été aussi loin que Beccher , dans la
théorie. Personne n'a développé ,
d'une façon plus vraie que ce dernier ,
les causes d'un grand nombre des principaux phénomenes de la nature , &
les principes de la combinaison des
corps.

Je n'avois encore que quinze ans, lorfque je lus les ouvrages de ces deux
grands hommes ; je veux parler de la
Physique souterreine de Beccher, & des
Observations chymiques de Kunckel,
publiées en 1675. Je me procurai ensuite
les Leçons de Chymie que le docteur
Jacob Barner donnoit à Padoue. Elles
me firent tant de plaisir, que je les appris presque par cœur : en conséquence,
je me mis à faire des expériences & des
recherches par moi-même. Par-là, je
me trouvai en état d'entendre les Écrits
de ces hommes célèbres ; & je fis des
réflexions qui m'ont fait découvrir des
vérités utiles , & qui m'ont paru propres à jetter du jour sur les matieres

qu'ils ont traitées. Les plus importantes de ces observations, auxquelles
m'avoit conduit Beccher, sont que les
corps du règne minéral sont composés de trois especes de terres très-
subtiles; que l'eau entre aussi pour
beaucoup dans un grand nombre de
substances souterreines, & sur-tout
dans celles qui sont salines; enfin, que
les terres, dont j'ai parlé, privées d'eau,
forment les pierres & les métaux.

Personne n'ignore les preuves & les
expériences dont Beccher s'est servi
pour établir cette théorie. On sçait
qu'il y regarde trois especes de terres,
comme la base & l'origine de toutes
les combinaisons minérales. Par *terre*,
il entend une substance solide & séche,
entièrement opposée à la nature humide : cependant il prétend que la
substance terreuse déliée peut se combiner intimement avec l'eau, & que,
par cette combinaison, elle constitue
la substance que l'on nomme *sel*, &
qu'une espece de terre subtile particuliere, combinée avec l'humidité, produit les combinaisons inflammables.

Il va encore plus loin : il prétend

que le sel contenu dans le soufre ,
dans le vitriol & dans l'alun, & qui
pour lors est fortement uni avec l'eau,
est la terre la plus simple & la plus
pure ; qu'elle sert de base à toutes les
pierres, & sur-tout à celles qui sont
vitrifiables. Il regarde cette espece de
terre comme le principe qui donne la
fixité au feu, la fusibilité, & qui est
la cause de la vitrescibilité & du défaut de ductilité dans les métaux imparfaits.

Il trouve le principe terreux de la
seconde espece dans le soufre commun, & dans la partie saline du nître,
c'est-à-dire dans son acide.

Selon lui, la troisieme espece de terre
primitive & subtile se trouve sur-tout
dans le sel marin, & dans les autres
sels legers & volatils, qui se tirent,
tant des végétaux, & de leur suie,
que des animaux, de leur urine, &
des autres substances qui fournissent
ces sels volatils.

C'est à la seconde de ces terres
qu'il attribue la couleur des métaux, &
un grand nombre de leurs effets dans
le feu. Il regarde la troisieme comme

le principe de la ductilité, & de la propriété d'entrer en fusion dans le feu,
par sa forme mercurielle, vu qu'on
peut la mettre dans l'état de mercure
coulant; & il prétend que cette terre
est le seul moyen, & le plus propre
pour parvenir à une telle combinaison,
& qu'elle concourt corporellement à
la former.

Ces idées, entièrement neuves, de-
mandoient à être prouvées; c'est aussi
ce que Beccher a fait par plusieurs expériences; ou c'est ce qu'il avoit promis de faire dans la seconde partie de
sa *Physique souterreine*, qu'il se pro-
posoit de donner. Il n'a pas rempli ses
engagemens à cet égard; & nous n'a-
vons que les preuves qu'il a insérées
dans la premiere partie de son ouvrage.
Pour moi, je crois pouvoir me flater
d'avoir assez bien connu le but de
Beccher, & d'avoir découvert que ses
idées sont assez conformes à la vérité.
Je ne dissimulerai pourtant point que
plusieurs choses, dans cet ouvrage,
sont plutôt indiquées que démontrées,
& que quelques principes ne sont pas
à l'abri des objections, & des difficultés.

A iv

Je me suis donc proposé de jetter plus
de jour sur cette matiere, & de prévenir les objections que l'on pourroit
faire contre son systême.

CHAPITRE II.

*De la nature terreuse des Sels,
du principe inflammable, & de
l'entrée de ce principe dans les
combinaisons végétales, animales & minérales.*

J'AI trouvé dans les *Observations*
de Kunckel une expérience remarquable, par laquelle, en mêlant
une huile essentielle avec de l'huile de
vitriol concentrée, & ensuite les distillant, on obtient une assez grande
quantité d'une terre séche, qui résiste
même au feu de fusion, & qui demeure dans l'état d'une substance noire
& luisante.

En réfléchissant à cette expérience,

il me parut étonnant , non pas qu'une huile végétale , que je sçavois être si volatile , qu'en la frottant sur la main , elle se dissipe très-promptement , mais que l'huile de vitriol , qui a besoin d'une très grande chaleur pour s'élever , fût réduite en vapeurs.

En second lieu , l'huile de vitriol contient certainement des parties aqueuses ; mais elles lui sont si intimement liées , que le feu seul n'est pas capable de les séparer , & qu'ils s'élevent ensemble ; c'est-à-dire l'acide le plus concentré s'élève en même tems que l'eau. Mais si l'on combine cet acide concentré avec de l'alkali fixe , ou avec un métal auxquels il ne se joint que par la partie saline , la partie aqueuse pourra en être dégagée , à une chaleur qui suffiroit pour faire monter de l'eau toute simple. Cette partie aqueuse est en très-petite quantité , si on la compare à celle que l'on trouve dans l'expérience dont il s'agit.

En troisieme lieu , si l'on fait attention à la quantité d'huile essentielle que l'on a employée dans cette expérience , lorsqu'on vient à séparer ces deux substances, c'est-à-dire l'acide d'avec l'huile essentielle, on trouve une quantité d'eau plus grande qu'il n'y en avoit dans l'acide vitriolique, que l'on avoit employé. D'un autre côté, l'huile essentielle, qui a été employée, souffre tant de déchet, que l'eau, que l'on obtient équivaut au surplus de l'huile de vitriol qui reste, comme nous aurons occasion de le remarquer plus loin.

Il faut nécessairement que la partie terreuse, fixe au feu, que l'on obtient dans cette expérience, vienne de l'une de ces substances fluides, dont l'une est volatile, & dont l'autre est acide. La meilleure façon de le prouver, c'est d'examiner le déchet qu'a souffert l'acide vitriolique, que l'on a employé; &, pour cet effet, de déphlegmer, autant qu'il est possible, le résidu de la premiere opération, enfin de traiter l'huile essentielle de maniere à finir d'en dégager entièrement l'acide, & à la convertir dans cette espece de terre.

Cette expérience prouve d'une façon convaincante le principe de

Beccher qui prétend que l'acide vitriolique & sulfureux est formé par la
combinaison intime d'une terre subtile
avec de l'eau. Cependant je trouve
encore que c'est un phénomene très-
remarquable de voir que l'huile essentielle végétale, que l'on a employée,
est aussi décomposée, & convertie,
pour la plus grande partie, en eau.
Mais, comme la substance qui, jointe
avec l'eau, constitue l'huile, & produit son inflammabilité, devoit être invisiblement répandue dans l'air, ou
contenue dans cette substance terreuse,
fixe au feu, j'eus d'abord de la peine
à me débarrasser de tous ces doutes.
Enfin il me vint dans l'idée que l'huile
la plus fluide, la plus volatile, & la
plus claire, donne une grande quantité de suie noire par la déflagration ;
& son inflammabilité prouve assez que
c'étoit elle qui, dans la premiere combinaison, étoit la cause de sa disposition à brûler. La forme séche inaltéra-
ble de cette suie prouve aussi sa nature
terreuse. Son étonnante legereté, &
l'expansibilité de sa couleur, démontre
assez sa prodigieuse subtilité.

A vj

Cette découverte étoit déja quelque chofe ; mais il me reftoit toujours
une difficulté de fçavoir comment il
falloit s'y prendre pour découvrir cette
partie terreufe, féche & colorée, qui,
fuivant Beccher, eft auffi dans le foufre,
& même dans toutes fortes de métaux.
J'avois bien remarqué qu'il falloit que,
dans le plomb, dans l'étain, le cuivre,
& dans le fer, & fur-tout dans le
régule d'antimoine, il y eût une fubftance inflammable. Tout le monde eft
à portée de fe convaincre de cette vérité par les chaux qui fe forment dans
les atteliers des ouvriers qui travaillent
fur ces fortes de métaux. On peut auffi
s'en affurer par les opérations chymiques les plus fimples, & par l'inflammation & la détonation de l'étain,
du fer, du régule d'antimoine avec le
nître, qui s'enflamme avec ces métaux, comme il feroit avec du charbon. Par ces détonations, les métaux
font tellement décompofés, qu'ils n'ont
aucun des caracteres qu'ils avoient auparavant ; & fi on ne leur joint quelqu'autre matiere, jamais ils ne repren-
nent ni leur ductilité, ni leur fon, ni

leur fufibilité, ni leur propriété. Ils ne
font plus qu'une fubftance qui fe vitrifie par elle-même, ou en la mêlant
avec quelque matiere vitreufe, & qui,
dans un mortier, peut être réduite en
une poudre très-fine.

Cependant la réduction du régule,
ainfi que de la litharge, & du verre
de plomb, me donna lieu de faire une
obfervation que je n'ai point encore
trouvée dans aucun ouvrage ; c'eft que,
lorfqu'il vient par hazard à tomber du
charbon dans un creufet où l'on fait du
verre d'antimoine, ou du verre de
plomb, le régule, ou le plomb, fe montrent fur le champ. Comme la même
chofe m'étoit arrivée plufieurs fois avec
le même fuccès, je fis cette expérience
à deffein ; &, voyant que le fuccès
étoit toujours le même, & que j'ob-
tenois toujours, en opérant avec foin,
la même quantité de régule, ou de
plomb, que j'avois employée à faire le
verre, je crus que ce phénomene méritoit d'être confidéré plus attentivement que les chymiftes n'ont fait jufqu'à préfent. La docimafie, ou les effais en petit, me fournirent l'occafion

de faire mes expériences. Après avoir
grillé la mine, on la fait fondre avec
ce qu'on appelle le *flax noir*. Dans
cette opération, la partie charboneuse
du tartre réduit les mines qui ont été
calcinées & mises dans l'état de cendre, & leur rend la partie inflammable, qu'elles avoient perdue par la calcination. Je trouvai que c'étoit-là la
base de toutes les opérations de la
métallurgie ; & je fus surpris qu'aucun chymiste, sans en excepter Beccher & Kunckel, n'eussent fait aucune remarque sur cette opération.

Ce fut environ dans le même tems,
que je découvris la nature & la vraie
combinaison du soufre, qui, comme
je l'avoue dans mon Traité du Soufre,
se présenta à moi, sans que j'eusse le
dessein de la chercher ; mais alors je
ne tardai point à voir ce qui en étoit ;
& j'aurois été honteux de voir que
le sel admirable de Glauber ne m'eût
pas ouvert les yeux, si je n'avois vu
que bien d'autres chymistes, depuis
lui jusqu'à nous, ne s'en étoient pas
plus avisés que moi.

Ces expériences & ces réflexions

m'ont confirmé dans le principe de
Beccher, que l'être salin, auſſi bien
que le phlogiſtique, ont pour baſe une
terre, ou une ſubſtance ſolide & ſéche. Ces deux ſubſtances ſe trouvent
principalement dans les combinaiſons
minérales : ce ſont elles qui approchent
le plus de la ſubſtance vitriolique &
ſulfureuſe, & qui ſont cauſe de la fixité
& de la fuſibilité, ou vitreſcibilité ; &
c'eſt le principe inflammable, qui,
dans les métaux imparfaits, cauſe la
ductilité & la fuſibilité métallique. Ce
qui ſert à prouver cette vérité, c'eſt
que la matiere inflammable, ſoit qu'elle
vienne du règne végétal, ou du règne
animal, eſt propre à entrer dans le
règne minéral, & dans les métaux.
En effet, nous voyons que les charbons & les ſuies des végétaux, auſſi-
bien que des animaux, ſont également
propres à produire du ſoufre, & à
opérer la réduction des métaux.

Après m'être aſſuré de la vérité du
principe de Beccher, je m'en ſervis
pour aller plus loin ; & j'examinai de
plus près les changemens particuliers
de ces ſortes de ſubſtances. La pre-

miere chofe , que j'obfervai , fut , au lieu de la terreftrité & de la fixité , la divifion , l'atténuation & la volatilifation de cette fubftance acide groffiere , tant du vitriol que du foufre ; c'eft-à-dire que toute la fubftance groffiere & acide , qui eft dans le vitriol & dans le foufre , eft fufceptible de fe volatilifer de la même façon. Cela fe fait par le principe inflammable , lorfqu'il eft infiniment atténué. La fubftance acide , dans l'un & dans l'autre , eft la même ; & , après avoir été tirée , foit du vitriol , foit du foufre , elle peut fans peine être remife dans l'état groffier où elle étoit auparavant ; & même de-là elle peut être tranfportée dans la partie terreufe groffiere & fixe , comme il eft aifé de le démontrer.

Ces confidérations me conduifirent à la connoiffance du nître , de fa combinaifon intime & de fa formation , & me donnerent l'idée d'obferver fes effets avec d'autres fubftances inflammables , & avec les fels volatils. Cependant je fuis obligé de convenir que , lorfque je n'avois encore que quinze ans , j'avois déja trouvé , dans

les cahiers manuscrits de Barner , qui
depuis ont été publiés sous le titre de
Chymia philosophica , que le nître
contient une substance alkaline. Cela
m'a donné lieu d'observer avec plus
de soin les effets du nître avec d'autres sels , ainsi que sa détonation & sa
décomposition. On verra , dans le
cours de ce Traité , combien ces sortes
d'opérations peuvent jetter de jour sur
la vraie nature des sels.

CHAPITRE III.

*Des différentes Especes du prin-
cipe salin minéral du Soufre ,
du Vitriol, de l'Alun, du Sel
marin, du Nître, & du Borax.*

IL faut , en général , remarquer que
l'on distingue communément trois
especes de sels minéraux , sçavoir ;
le *vitriol*, le *sel marin* , & le *nître*.
On comprend, sous le nom de *vitriol*,
l'acide contenu dans l'alun , ainsi que

celui du foufre, quoique, dans le vrai,
celui du foufre foit la fource de celui
qui eft dans les deux autres fels.

On ne trouve nulle part de l'acide
vitriolique, tout feul, fans être combiné avec quelqu'autre fubftance minérale, ou métallique. Il eft prefque
toujours accompagné de mines de
cuivre, ou de fer, ou de pyrites; &
cet acide du vitriol, ainfi que de l'alun,
tire fon origine du foufre.

Il n'en eft pas de même du fel marin, dont il fe trouve, fur-tout en Pologne, auffi-bien qu'en Tirol, des
montagnes qui en font remplies, &
d'où l'on tire ce fel, pour le faire
diffoudre dans de grands réfervoirs;
& lorfque l'eau eft devenue claire, &
s'eft dégagée de fes parties impures,
on la conduit dans les chambres graduées, pour en obtenir le fel par la
cuiffon.

On met auffi le nître au nombre
des fels minéraux ou fouterreins. A
la vérité, on ne peut pas nier qu'il ne
fe trouve dans la terre : cependant on
ne le rencontre pas à une grande pro-
fondeur, ni dans des endroits qui n'ont

point de communication avec la furface de la terre, & où il n'ait point
été charrié par les eaux. C'eſt ſur-tout
à la ſurface de la terre, qu'on le trouve,
près des chaumieres des payſans ; &
il monte le long des murs de leurs
cabanes qui ſont bâties de glaiſe
mêlée de paille. On le trouve auſſi
dans les étables, dans les endroits où
l'on a entaſſé & laiſſé pourrir des plantes, du fumier ; dans les murs des an-
ciennes latrines, & dans l'urine putréfiée. Il ne faut donc point regarder le
nître comme un ſel qui tire ſon origine
de la terre, mais comme un ſel qui y
a été porté ; & ſa partie ſaline lui
vient, en partie de la terre, & en partie
de l'air.

Rien n'eſt plus utile que de faire des
obſervations exactes ; mais il y a des
préjugés qui quelquefois deviennent
nuiſibles par les dépenſes dans leſquelles
ils font que l'on s'engage ſans raiſon.
L'on peut mettre dans ce nombre la
prétention de quelques gens qui veulent que le vent du nord apporte une
grande quantité de particules nîtreuſes
dans les pays qui ſont plus éloignés

du septentrion. Ce préjugé a donné
lieu à un grand nombre d'atteliers pour
faire du salpêtre ; &, malgré les dépenses & les voûtes que l'on a faites
pour recevoir le vent du nord, je ne
sçache point que ces bâtimens ayent
mieux réussi que les étables de brebis.
Si le vent du nord contribuoit à la
formation du salpêtre, on devroit trouver une plus grande quantité de ce sel,
à mesure qu'on s'approche plus près
des pays du nord. Mais, comme on
ne trouve rien qui rende cette conjecture vraisemblable, ce sel est rede-
vable de sa formation à la putréfaction que le froid du nord ne doit
nullement favoriser : d'où l'on peut
voir combien ces sortes d'idées sont
mal fondées. Ce qui aura pu y donner
lieu, c'est que peut-être quelque sal-
pétrier aura fait observer qu'il ne faut
point étendre les couches de salpêtre
du côté du soleil du midi, & qu'il ne
faut point non plus faire sécher au soleil la terre humide, qui est chargée
de ce sel, mais qu'il est à propos de
la laisser sécher à l'ombre. Il est vrai
que la chaleur du soleil peut faire éva-

porer & diffiper la fubftance nîtreufe, tandis qu'elle eft encore dans un état d'atténuation ; mais il ne faut point en conclure que l'air froid apporte du nître ; & ce n'eft point l'expofition du midi, ou le vent du fud, qui nuit à fa formation : c'eft la chaleur du foleil qui fait difparoître la partie la plus fubtile & la plus volatile de ce fel. Ainfi la formation du nître eft dûe uniquement à la putréfaction & à la combinaifon qu'elle produit.

Il y a encore un fel que l'on doit placer au rang des fels minéraux. Ce fel n'a pas encore été fuffifamment examiné, parce que, jufqu'à préfent, on ne l'a trouvé que dans les Indes orientales ; & même nous ne fçavons pas avec certitude, ni où, ni comment il fe trouve : c'eft le fel connu fous le nom de *borax*, & que les Arabes noment *baurach*. Ce fel diffère de tous les autres ; & il nous founit la preuve la plus convaincante qu'un fel eft compofé d'eau & d'une terre fufible. En effet, au fortir de la terre, il eft foluble dans l'eau, & il s'y cryftallife. Après qu'il a été évaporé juf-

qu'à ficcité, fi on expofe ce fel à un degré de chaleur convenable, il fe change
en un verre tendre, fans qu'il foit befoin, pour cela, d'y joindre aucun
autre fel.

La nature de ce fel n'eft pas encore
connue. Il eft vrai que M. Homberg a
fait fur lui quelques expériences qui lui
ont fait connoître que, quoique ce fel
paroiffe être très-fixe au feu, & quoique le vitriol ne contienne pas de fel
volatil, que l'on puiffe en dégager à
ce même degré de chaleur, cependant, fi l'on mêle ces deux fels, &
que l'on en dégage l'humidité, il s'é-
leve au degré de l'eau bouillante,
avant même que toute l'eau en foit
partie, un fel volatil, dépourvu de
faveur & d'odeur, qui n'eft cependant pas fi volatil, qu'il n'exige un
degré de chaleur affez confidérable
pour s'élever à l'air libre, & ce fel ne
reffemble ni au borax lui-même, ni au
vitriol. On ne peut pas dire qu'il vienne
du vitriol ni du métal qui y eft contenu, puifque M. Homberg l'a obtenu
également, en fe fervant de l'huile de
vitriol. D'ailleurs il a obtenu ce même

sel volatil , en employant d'autres
acides concentrés. C'est à l'expérience
à faire connoître la vérité d'une autre
circonstance que l'on ajoûte , sçavoir
que si , après avoir dégagé le borax de
toute son humidité , on le fait fondre
pour le changer en verre , il se dissout
dans de l'eau simple ; & , par conséquent , il est tel qu'il étoit auparavant.
Si ce fait est vrai , & que le borax ,
après avoir été mis dans l'état de verre ,
puisse se redissoudre dans l'eau , on
pourroit s'en servir avec succés dans la
peinture en émail , & l'employer à re-
toucher les endroits qui auroient été
manqués. On n'aura qu'à faire des es-
sais pour découvrir l'utilité que l'on
peut retirer de cette expérience.

Il y a déja plusieurs années que
j'ai fait ces observations , ainsi que
plusieurs autres. J'en ai pris des notes ;
& le Laboratoire chymique de Kunckel , qui a paru depuis quelques années , m'a engagé à rassembler toutes
mes remarques , & à leur donner le
plus d'ordre qu'il m'a été possible. Je
crois devoir avertir que je n'ai nullement dessein de déprimer le travail

de ce célébre chymiste, à qui je rends toute la justice qui lui est dûe. Je le distingue bien de ces auteurs qui n'ont fait qu'en copier d'autres, & qui se sont contentés de compiler ce qu'ils ont ouï dire. J'ai voulu seulement faire remarquer que quelques-unes de ses idées ne sont pas toujours fondées sur l'expérience. Je ne me suis proposé que de dire la vérité, & de faire voir en quoi Kunckel a pu se tromper.

CHAPITRE IV.

Des Sels qui se trouvent dans le règne minéral, dans le règne végétal, & dans le règne animal, & de leur formation en général.

DANS l'examen de tous les corps de la nature, il faut toujours commencer par consulter l'expérience. Elle nous apprend que, parmi les différentes especes de sels, il y en a

qui se trouvent dans le sein de la terre :
tels sont le sel acide du soufre, du
vitriol, & de l'alun ; le sel marin, le
borax, & même le nître. Le sel marin se trouve aussi dans la mer. Dans
quelques eaux minérales acidules, on
trouve un sel composé, qui a beaucoup
d'analogie avec celui qu'on nomme
sel admirable de Glauber. Il y a des
substances salines, qui se trouvent à la
surface de la terre ; tels sont les sels
des végétaux : enfin il y en a qui sont
des produits de l'art ; tels sont les sels
que l'on obtient du vin, du vinaigre,
les sels alkalis fixes & volatils.

Il n'est pas douteux que l'air ne contienne une quantité prodigieuse de particules salines & acides. Les volcans répan-
dent dans l'atmosphere une très-grande
quantité de matieres sulfureuses : les
fonderies & les atteliers où l'on fait le
grillage des mines, & où l'on traite
des métaux, y en portent aussi. On
peut présumer que la grande abondance de bois qui se consume, & la
fumée, qui en part, doit charger l'air
d'une infinité de particules inflammables & salines. Le desséchement des

plantes, leur putréfaction, ainsi que celle des animaux, doivent encore y porter une très-grande quantité de parties salines.

Cette grande abondance de parties salines, qui se trouve rassemblée en de certains endroits, & qui voltige dans l'atmosphere, suffit pour entretenir & accroître la portion saline des plantes & des animaux ; mais il ne suffit point qu'il y ait simplement de vrais sels tout formés, qui se joignent aux végétaux & aux animaux, il est aisé de sentir qu'il faut, outre cela que dans ces substances, il se compose & il se forme une grande quantité de sels. En effet les végétaux & les animaux ont besoin, pour leur nourriture & leur accroissement d'une terre très-subtile. Dans les végétaux, c'est la substance visqueuse & soluble dans l'eau, que l'on appelle *gomme*. Dans les animaux, c'est la substance gluante, que l'on appelle *gelée* ou *substance gelatineuse* ; mais rien n'empêche que ces parties terreuses, qui sont déja très-déliées, ne soient atténuées davantage, & rendues encore plus propres à se combiner intimement avec l'eau dans laquelle elles étoient déja solubles.

C'est une vérité connue que, dans les végétaux, c'est la substance saline qui est la cause de la saveur. Tant qu'elle est douce, elle est visqueuse & collante, comme on le voit dans le vin doux, dans le sucre, dans le miel, &c. Il n'est pas douteux que cette substance douce ne renferme une grande quantité de parties salines, qui par la fermentation, sont dégagées de beaucoup de molécules terreuses subtiles, & de parties grasses & qui par-là deviennent plus salines, plus pures, plus acides & plus pénétrantes. Les raisins & les fruits, qui ont beaucoup de jus avant que la maturité les ait rendus doux, contiennent un acide qui a assez de force pour agir sur les terres, & même sur les métaux. Malgré cela, il n'est pas décidé si cette partie saline, provenue de la terre ou de l'air, est toute formée, lorsqu'elle se joint à ces végétaux, & si elle contribue à leur accroissement & à leur nourriture, ou si elle a été produite, du moins en grande partie, par de nouvelles combinaisons qui se sont opérées dans ces substances.

Il est certain que cette conjecture n'a rien que de très-vraisemblable. Elle s'accorde avec la nature des sels que nous avons dit être formés par la combinaison d'une terre très-subtile avec de l'eau. Il est aisé de concevoir que cette combinaison peut se faire en même tems que les végétaux croissent & prennent de la nourriture, d'autant plus que nous voyons qu'en poussant la fermentation jusqu'où elle peut aller, la partie saline purifiée, & portée au point où est l'acide du vinaigre, se convertit en une terre pure, ou en un limon qui a perdu toute sa salure : c'est ce qu'on remarque dans le jus des fruits non mûrs & très-aigres, dans le jus de citron, &c. Comme on voit clairement que cette partie saline se convertit en terre, pourquoi regarderoit-on comme impossible qu'elle eût été formée, dans le tems de la croissance des végétaux, par la combinaison d'une terre subtile avec de l'eau ?

Dans l'examen des combinaisons des corps, il ne faut pas se hâter de décider; observation que Kunckel a faite avec raison. Cependant on seroit en

droit de lui reprocher d'être lui-même
tombé dans ce défaut, lorsqu'il prétend
que les végétaux ne contiennent pas un
sel réel, & qu'il n'y est produit que par
le mouvement, sans examiner si alors
ils s'opere une combinaison ou une atténuation.

CHAPITRE V.

De la partie saline des Végétaux, & comment elle est composée d'une terre subtile.

KUNCKEL avoit très-bien remarqué
dans ses premieres Observations,
que le premier principe des sels n'a ni
odeur ni saveur; & même on pourroit
croire qu'il a voulu entendre par-là
non-seulement le principe de la combinaison saline, mais même le sel pur
& primitif lui-même, & que c'est de
ce sel qu'il a dit qu'il n'a ni goût ni
odeur.

Cependant plus loin il semble perdre de vue son idée ; & même il paroît se contredire & ne pas faire attention à des propriétés des sels qui sont beaucoup plus frapantes. En effet, quoi de plus étrange que ce qu'il dit a la page 97 de son *Laboratoire chymique*, qu'il *n'y a point de sel réel dans les végétaux, & que celui qu'on en tire y est formé par le mouvement ?*

Il trouve même ridicule le sentiment de Beccher qui dérive quelques saveurs du soufre, tandis qu'elles ne peuvent venir que du sel. Mais, comment attribuer uniquement aux sels la saveur des végétaux, tandis qu'on nie qu'ils contiennent réellement un sel ? Lorsque je lus les Observations de Kunckel, dès l'an 1679, je commençai à soupçonner qu'il n'avoit pas examiné la chose avec l'exactitude qui lui est ordinaire, vu que je remarquai qu'il regardoit des sels grossiers, tels que le sel marin, le nître, & même le vitriol, comme des sels purs, & comme acides dans cet état ; & même il a mis les alkalis au rang des sels acides, parce que peu-à-peu ils peuvent devenir propres à se crystalliser.

Je n'ai pas été plus satisfait de voir qu'il n'a nulle part fait remarquer que la plus grande portion du sel marin & du nître est une substance alkaline fixe, que l'on y joint par les cendres &les lessives qu'on emploie dans leur préparation : c'est pour cela qu'il ne rend aucunement raison de la maniere dont on dégage par la distillation l'acide du nître ou du sel marin. Il prouve lui-même, par les crystaux d'argent, qu'il n'y a dans une livre d'esprit de nître qu'une très-petite quantité d'acide nîtreux. Il est donc surprenant qu'il n'ait pas imaginé de voir ce que le reste étoit dévenu. J'eus lieu d'être très-surpris du silence qu'il garde là-dessus, d'autant plus que je connoissois déja la distillation de Glauber, qui se fait par le moyen de l'huile de vitriol, & même la distillation de l'eau forte, dans laquelle on obtient l'*arcanum duplicatum*, que j'avois vue dans les Leçons de Chymie manuscrites de Barner, qui ont été publiées depuis, sous le titre de *Chymia philosophica*. D'ailleurs la façon, dont on fait le nître, en y joignant des cendres & de la chaux, &

la maniere de faire le nître fixé, m'a-
voient ouvert les yeux sur cette opération.

Pour éclaircir la question s'il y a
réellement une substance saline dans
les végétaux, il est à propos de commencer par expliquer clairement ce
que l'on doit entendre par le mot *sel*.
Kunckel entend par-là un sel grossier
concret, & d'une forme crystalline,
comme je l'ai déja fait observer. Il
n'est pas douteux que ce n'en soit une
espece ; mais une infinité de choses
prouvent qu'il a eu tort de nier l'existence d'une vraie substance saline dans
les végétaux, & de prétendre qu'elle
n'y étoit produite que par le mouvement de la fermentation. Cette substance saline est plutôt d'une consistance
fluide que solide & concrète.

1° On trouve dans tous les fruits,
avant qu'ils soient parvenus à maturité
un goût sensiblement salin, dont on
s'apperçoit aussi-tôt qu'on les mâche.
Cela est si vrai, que l'on a les dents
agacées, pour peu que l'on porte à sa
bouche des herbes, des feuilles d'arbres,
des rameaux tendres. De plus, le suc

que l'on exprime de ces feuilles , fait
effervescence avec les yeux d'écrevisses ; noircit le fer & le ronge , & produit avec lui un goût vitriolique &
astringent. Tout le monde connoît l'a-
cidité des fruits non-mûrs : elle se manifeste sur-tout dans les groseilles , les
cerises , les pommes , les citrons , &c ;
& comme le jus de ces fruits s'incorpore & se mêle par la cuisson avec
l'eau , on ne peut en conclure autre
chose , sinon qu'ils se mêlent à l'eau , en
raison de leur forme saline , qui y joint
une portion de leur partie grasse.

Mais, comme l'on peut voir par les
ouvrages de Kunckel , qu'il ne s'est pas
appliqué suffisamment à connoitre la
nature de la fermentation , il faut lui
passer la maniere impropre dont il s'exprime, lorsqu'il dit que *la nature ne fait
rien de doux de ce qui est aigre , parce
qu'alors elle reviendroit sur ses pas.* En
effet on sent aisément la fausseté de
ce principe. Il n'est pas douteux que la
nature ne rende doux ce qui est aigre ,
comme on le voit par la maturation
des fruits qui sont aigres dans leur principe ; & pourquoi voudroit on nier

qu'elle ne puiſſe ſuivre la même route ?
L'objection, fondée ſur ce qu'il faut diftinguer entre les opérations de la nature & celles de l'art, ne peut avoir
lieu ici, puiſque l'on peut faire voir
qu'en y joignant des ſubſtances végétales convenables, on peut convertir le
jus de citron, qui eſt très-acide, en une
liqueur vineuſe & douce, & qu'avec
du tems on peut convertir cette liqueur
en un très-bon vinaigre.

La façon de s'exprimer de Kunckel
eſt d'autant moins applicable à notre
ſujet, qu'il eſt évident que la dulcification des jus du raiſin & des fruits aigres ne ſe fait que par la cuiſſon que
produit la fermentation lente, & par
les matieres graſſes, qui s'y inſinuent &
s'y combinent, qui émouſſent la force
de l'acide, en diminuent la ſaveur &
finiſſent par leur donner de la douceur.

Il n'eſt pas douteux qu'il n'y ait
une différence ſenſible entre la maniere
dont la nature opere, & celle de l'art.
Cette différence conſiſte en ce que la
nature par la circulation continuelle du
ſuc & par l'évaporation à l'air lib , ſt
en état de joindre aux végétaux ce qui

leur est avantageux, & d'en séparer ce
qui est inutile ou nuisible; au lieu que
l'art laisse tout ensemble, & ne sçait ni
ce qu'il faut ôter ni ce qu'il faut ajoûter.

Mais, comment attribuer au mouvement seul la *manifestation* plutôt que
la formation de la partie saline grossiere par la fermentation, tandis que
l'on peut remarquer que ni le vin doux,
ni le sucre, ni aucune autre suc doux
des végétaux, ne peut se changer en vin
ni donner l'acide du tartre ou du vinaigre, avant que d'avoir déposé une
quantité considérable de matiere terreuse & grasse. Comme ce n'étoient
que les parties terreuses qui modéroient
la force de l'acide, & que les parties
grasses, qui leur donnoient du velouté
& de la douceur, il n'est pas surprenant que la substance saline acide se
manifeste de nouveau, & redevienne
telle qu'elle étoit dans le verjus, c'est-
à-dire, devienne acide. Cette substance
reste dans cet état jusqu'à ce qu'il s'en
soit dégagé encore quelque chose de
terreux & de gras; & alors elle devient encore plus acide, c'est-à-dire,
elle devient du vinaigre.

B vj

Tous ces faits prouvent évidemment que la fermentation ne produit point un nouveau sel, & qu'elle ne fait que dégager & manifester un sel qui étoit fort enveloppé. Si Kunckel eût voulu s'assurer de cette vérité, avec sa sagacité ordinaire, il n'auroit eu besoin que de se servir de la dissolution & de la précipitation pour connoître la nature des sucs des végétaux sur lesquels il auroit eu du doute. Il n'avoit pour cela, qu'à se servir d'une dissolution de litharge dans du vinaigre, ou d'une dissolution d'argent, ou d'une dissolution de soufre d'antimoine ; & les précipités lui eussent fait connoître la nature des differens sels qui sont dans les sucs des végétaux même, qui ont le moins de saveur. Il auroit aussi pu s'en assurer par le moyen de la craie, du fer, des yeux d'écrevisses, &c.

Ces preuves fondées sur l'expérience, paroissent suffisantes ; mais outre cela, la raison doit nous convaincre que la forme la plus favorable & la plus naturelle sous laquelle la substance nutritive puisse être portée dans les vé-

gétaux, c'est celle d'une substance visqueuse très-déliée, ou d'une terre atténuée & divisée par la partie saline,
qui devient de plus en plus analogue à la
combinaison totale des végétaux, lorsque, par l'intervention d'une substance
grasse, très-subtile, cette terre atténuée par le sel est dégagée de son eau
& de son sel, & par-là est dévenue
propre à servir à l'accroissement des
végétaux. Les végétaux, pénétrés &
remplis par cette substance terreuse &
grasse, fournissent encore une preuve
que la substance terreuse est introduite
au moyen de la partie saline, & que
le dépôt, ou le dégagement de cette
substance terreuse, se fait par le moyen
de la partie grasse. Cependant la partie
saline ne se dégage pas parfaitement de
cette combinaison. Elle conserve toujours de la liaison avec elle : c'est ce
qu'on peut voir dans les sucs tirés par
l'expression & la décoction des végétaux, qui sont composés d'une substance visqueuse & grasse, qui ne se
tiendroit pas si aisément suspendue dans
l'eau, si elle n'étoit soutenue par quelque substance saline ; & il ne se mon-

treroit pas par la fermentation subsé-
quente, ni par le dépôt qui se fait d'une
matiere terreuse & grasse, une substance saline, si elle n'y avoit pas été contenue antérieurement, & si elle n'eut
été débarrassée, par la grande quantité
d'eau, de la partie terreuse & grasse,
dont elle étoit enveloppée.

Ce qui vient d'être dit, prouve que
Kunckel s'est trompé dans ses idées sur
la fermentation : personne, ni avant, ni
depuis lui, n'en a jusqu'ici donné une
une æthiologie satisfaisante; & l'on voit
qu'il a eu tort de nier l'existence d'une
substance saline dans les végétaux. C'est
avec aussi peu de raison qu'il refuse
d'admettre la fermentation dans l'esto-
mac des animaux. Il a manqué, de
précision, lorsqu'il a comparé la fermentation grossiere de la levure de
biere avec cette fermentationqui s'opere
dans un lieu renfermé.

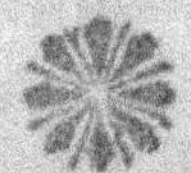

CHAPITRE VI.

*Des Sels des Végétaux ; qu'ils
font mêlés de beaucoup de fubftance graffe, & qu'ils diffèrent,
à quelques égards, des Sels minéraux.*

EN confidérant la fubftance faline,
nous fommes obligés de fuivre un
ordre tout différent de celui que nous
avons fuivi, en traitant du principe fulfureux. La différence confifte principalement en ce que c'eft dans le règne
végétal que fe forme fur-tout la fubftance graffe, d'où elle paffe dans le
règne animal. Cette graiffe fe montre
dans les fubftances de ces deux règnes par les huiles, les réfines, le fuif,
les charbons, & même dans les parties folides ; & les fels, qu'on en obtient font unis avec beaucoup de graiffe.

Au contraire, les fels ne fe trouvent
nulle part fi abondamment & auffi purs,

que dans le règne minéral ; le sel marin , le sel du soufre , ou celui du vitriol
& de l'alun , & enfin le nître , sans parler du borax qui est une substance rare :
on doit mettre dans ce nombre les sels
que l'on trouve dans les eaux minérales , tant chaudes que froides.

En effet , quoique j'aye déja fait voir
qu'il est très-probable que c'est à l'aide
de la partie saline , que les végétaux
prennent de l'accroissement , parce que
c'est par-là que la partie terreuse subtile
est portée dans les végétaux , & sert à
leur nutrition , après avoir été dégagée
par la partie grasse ; cependant il faut
bien remarquer , 1° que la substance saline n'est pas produite simplement dans
les végétaux , mais qu'elle vient de la
terre & de l'air , & qu'elle y est portée par l'eau ; qu'après avoir été décomposée, la terre, qui s'en est dégagée,
contribue à la nourriture de ces végétaux ; car je ferai voir en son lieu, par
des expériences claires , & qui se passent continuellement sous nos yeux ,
qu'il se fait une décomposition de la
combinaison saline , & qu'elle se convertit de nouveau en terre. 2° Après

que cette partie saline a porté aux végétaux les particules terreuses , dont elle
étoit chargée , il est à préfumer que par
la circulation, elle est portée, à une infinité de reprifes différentes , dans des
endroits où elle peut fe charger de nouvelles molécules de terre subfile, qu'elle
va joindre de nouveau aux végétaux.
Cette conjecture est confirmée par une
expérience qui confifte à faire un en-
grais pour les terres, avec un mélange
de chaux vive, & de fel humecté &
bien faturé, avec du jus de fumier bien
gras. Les jardiniers habiles prétendent
qu'en mêlant cette compofition avec
la terre, elle est fertilifée pour plufieurs
années. 3° Les fels qui fe trouvent dans
les végétaux, font pareillement des fels
compofés ; & il entre beaucoup de parties graffes dans leur combinaifon : nous
en avons des preuves non-feulement
dans le tartre ordinaire, mais encore
dans cette efpece de tartre qui fe forme
en abondance, lorfqu'on fait évaporer
à une chaleur douce, & en écumant le
moût ou le jus de raifin nouvellement
tiré. Si l'on veut reconnoître l'erreur où
Kunckel a été, lorfqu'il a prétendu que

ces sels se formoient très-promptement
par le mouvement de la chaleur, on
n'aura qu'à jetter de la limaille de fer, de
la craie, ou des yeux d'écréviſſes dans
ce moût ; faire évaporer doucement la
liqueur juſqu'à la moitié, & alors y ver-
ſer quelques gouttes d'huile de vitriol
ou d'acide nîtreux : ces acides ſe join-
dront à ce qui s'y ſera diſſous, & le
tartre ſe précipitera pur au fond du
vaiſſeau ; & l'on n'aura point droit
d'appeller ce précipité *magiſterium
martis album ſolubile*, comme ont fait
quelques gens, vû que c'eſt un tartre
véritable. Mais à quoi bon tant inſiſ-
ter là-deſſus ? N'avons nous pas une
preuve ſuffiſante dans le ſucre, qui certainement n'acquiert point la propriété
ſaline par la cuiſſon ? Cependant perſonne, d'après le ſentiment de Kunckel, ne diſputera au ſucre d'être un ſel;
& ce chymiſte eût très-bien fait de re-
jetter les opinions hazardées, & de tenir les promeſſes, qu'il fait ſi ſouvent,
de s'expliquer plus clairement.

En un mot, une infinité d'exemples
prouvent que les ſels des végétaux ſont
joints avec beaucoup de matiere graſſe;

mais de plus on trouve diſtinctement dans les végétaux des ſels plus ſimples, qui leur portent leur nourriture. En effet, en brûlant de la pariétaire, de la grande chélidoine, du *geranium* ou du tabac, qui eſt venu dans un champ récemment fumé, pour peu qu'on mette ces plantes ſéchées ſur un charbon ardent, on voit que le nître qu'elles contiennent, s'enflamme & détonne comme feroient des grains de poudre à canon: cependant perſonne ne s'imaginera que le nître a été formé par ce mouvement. Mais nous aurons occaſion de faire voir que la partie ſaline des végétaux peut être rendue différente de celle des minéraux, tant par la partie graſſe qui y eſt jointe, que par l'atténuation de la terre qui entre dans la combinaiſon de ces ſels.

Cependant Kunckel a en général, très-bien remarqué que la partie ſaline contribue à la végétation; & il a fait voir que les acides concentrés des minéraux y contribuent, lorſqu'ils ont été diſpoſés à cet uſage, au moyen d'une terre ſubtile, & ſur-tout d'une matiere graſſe qu'on leur a jointes. Mais ce qu'il

attribue à la lumiere , aux ténébres , à
l'air , &c paroît trop recherché ; & je
ferois curieux de sçavoir comment la
lumiere ou les ténébres peuvent influer
sur la végétation , tandis qu'on voit
souvent que des plantes viennent beaucoup mieux sous un morceau de bois ,
ou sous une pierre posée légérement
sur la terre , qu'à l'air libre.

A l'égard des sels qui se trouvent
dans la terre , & qui se produisent dans
son sein , il y a deux choses à remarquer à leur sujet ; c'est , 1° qu'ils sont
par leur nature, plus fluides , comme on
peut le voir par l'acide du soufre ou
du vitriol , & par celui du sel marin &
du nître. 2° Il faut examiner ce qui
donne à ces sels la consistance & la
forme solide & concrète qu'ils ont lorsqu'on les met dans le commerce.

Lorsqu'on parle de ces sels comme
tels , on a toujours en vue leur acide ;
mais , lorsqu'on en parle grossiérement,
on a en vue la forme concrète, qu'ils
ont dans le commerce; & alors on y
comprend les autres parties qui y sont
contenues , telles que la partie métallique dans le vitriol , la partie alkaline

dans le nûtre ; & dans le sel marin , une
espece de sel alkali que l'on n'a pas
jusqu'à présent suffisamment exami-
née. Il est vrai que Kunckel nous a
donné ses idées sur l'origine du sel marin ; & il prétend avec assez de vraisemblance , que celui qui se trouve dans
le sein de la terre, & qui y forme des mas-
ses ou des montagnes entieres , a été
formé dès la création. Quant à la salure de la mer je trouve qu'il a grande
raison de n'en rien dire & de laisser
chacun le maître d'en penser ce qu'il
voudra. Je me contenterai donc de
parler du sel marin tel qu'il se trouve ,
cependant je me réserve d'en dire mes
idées lorsque l'occasion s'en présentera.

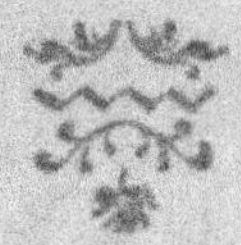

CHAPITRE VII.

De la Substance saline contenue dans l'air ; nouvelles preuves que le sel est composé de terre & d'eau ; observations sur la maniere d'examiner les principes de Sels.

J'AI déja parlé du vitriol, aussi-bien que de l'alun, dans mon Traité du Soufre ; j'ai pareillement traité au long de la formation du nître : cependant je crois devoir encore répéter ici que l'air contient une grande quantité de parties salines. Pour se convaincre de cette vérité, l'on n'a qu'à faire attention à la quantité de sels qui sont répandus dans l'air, à l'aide de la pourriture des végétaux & des animaux, par le bois que l'on brûle, par les éruptions des volcans, par la détonnation de la poudre à canon, le grillage des mines, &c.

Quoique, par ces différens moyens, différentes epeces de sels soient portés
dans l'air, cependant les sels alkalis
fixes, que l'on expose à l'air libre, prouvent, au moins jusqu'à nouvel examen, que c'est sur-tout de l'acide sulfureux, ou vitriolique, dont l'air est le
plus abondamment chargé. En effet,
en exposant à l'air du sel alkali fixe,
soit concret, soit diffous, il forme un sel
neutre semblable à celui qui se forme,
en combinant de l'acide du soufre ou
de l'acide vitriolique avec de l'alkali.

Il est certain que, parmi les acides
minéraux, il n'y en a point de plus abondant que celui qui est contenu dans le
soufre, dans le vitriol, dans l'alun &
dans le sel marin. Il est évident que le
nître est un sel qui se forme journellement; & nous n'avons rien de certain sur la grande quantité qu'on dit
qui se trouve en Egypte, dans les Indes orientales, & en Afrique. Il y a
encore moins de fonds à faire sur la
prétention de ceux qui veulent que
le nître nous soit apporté par le vent
du nord, tandis qu'on trouve si peu
de ce sel dans les pays septentrionaux.

De même que l'expérience nous
prouve la grande quantité d'acide, du
soufre, ou d'acide vitriolique, qui est répandu dans l'air, on peut aussi prouver que cette substance saline est formée par la combinaison d'une terre
très-subtile, & de l'eau. On sçait que
Beccher est le premier qui ait avancé
ce principe ; mais il est surprenant qu'il
l'ait appuyé sur des preuves difficiles
& tirées de fort loin. En effet peut-on
en donner une preuve plus claire que
le borax que tout le monde regarde
comme un sel, puisqu'il est soluble dans
l'eau, puisqu'il a de la saveur & un
goût piquant. D'un autre côté, en faisant rougir ce sel ; & ensuite, en le faisant fondre, il se dégage de sa partie
aqueuse & il se convertit en un verre
qui, quoique tendre, n'en est pas moins
véritable ; ce qui prouve d'une maniere incontestable qu'un sel est formé
par la combinaison d'une substance terreuse avec l'eau.

Nous avons une nouvelle preuve
de cette vérité par la grande quantité
d'une terre mêlée de parties grasses, qui
se déposent par la putréfaction, tant du
vinaigre

vinaigre que des sucs tirés des fruits
non mûrs, du jus de citron, de groseilles, &c. Tandis que toute l'acidité
disparoît entiérement, cette terre reste
toute seule ; & à sa surface il nage une
liqueur devenue totalement insipide.
J'aurai occasion de parler encore de ce
phénomene, ainsi que de la maniere
prompte de décomposer le nître & la
poudre à canon dont j'ai déja parlé dans
mon Traité du Soufre.

Le sel marin nous fournit encore une
preuve remarquable de cette vérité.
Lorsqu'on le fait évaporer dans des
chaudieres de fer, il s'attache au fond
& sur les côtés de ces chaudieres une
espece de croûte qui a quelques lignes
d'épaisseur & qui n'est plus soluble dans
l'eau. En faisant dissoudre & évaporer,
à plusieurs reprises, ce sel, lorsqu'il est
le plus pur, il finit par se convertir entiérement en une pareille substance terreuse.

Kunckel, en parlant, à la page 119
de son *Laboratoire chymique*, de l'é-
dulcoration qu'il nomme *philosophique*,
& dont il avoit déja fait mention en
d'autres termes dans la seconde partie

de ses *Observations*, page 57, fait une
remarque, qui mérite beaucoup d'attention. Chacun est le maître de s'en assurer par l'expérience, en observant sur-
tout que cette opération demande à
être réitérée.

C'est avec grande raison que le même
auteur dit, à la page 115 de ces mêmes *Observations*, que la matiere concrète & semblable à du sable que donnent les huiles distillées, lorsqu'on les
joint de l'huile de vitriol, est principalement formée par l'huile de vitriol.
Beccher a aussi eu la même idée, lorsqu'il dit que les terres subtiles se dégagent des dissolvans, à l'aide de l'esprit
de vin, & peuvent se joindre aux matieres dissoutes. Ce sentiment est encore confirmé par l'observation de
Kunckel, qui remarque que les dissolutions salines des métaux, les plus parfaites, qu'il regarde comme de vrais
sels métalliques, se crystallisent comme
l'alun de plume ; après quoi, ils ne sont
plus solubles. Chacun pourra examiner en quoi l'esprit-de-vin peut contribuer à ces effets.

On ne doit pas faire moins d'atten-

…on à la remarque que fait Kunckel, en plus d'un endroit, que le principe salin des métaux se fixe aisément dans la terre morte, qui reste : cependant ailleurs il semble se contredire, lorsqu'il dit que toute cette terre morte n'est peut-être que cette substance saline des métaux, qui n'a point été suffisamment dissoute. Il semble que cela ne signifie rien, sinon que cette matiere terreuse, quand elle a été suffisamment atténuée, & que, par conséquent, elle a été combinée avec l'autre principe, aussi convenablement atténué, doit former de nouveau une combinaison métallique, & qu'en raison des proportions dans lesquelles se font ces nouvelles combinaisons, elles doivent produire différentes especes de métaux.

On pourroit encore ajoûter à cela que les dissolvans salins, que l'on a employés à la dissolution, n'ayant pas été parfaitement dégagés, il s'ensuit que leurs combinaisons sont moins fortes, & qu'elles peuvent être facilement altérées par le feu, l'eau & les sels, comme on le voit dans les métaux que l'on appelle *imparfaits*, c'est-à-dire dans ceux

qui réſiſtent le moins à l'action du feu,
de l'eau & des différens ſels. C'eſt à la
poſtérité à conſtater ces conjectures qui
n'ont rien qui puiſſe choquer la vrai-
ſemblance. On pourra y parvenir quand
on connoîtra, plus qu'on ne ſait les ſubti-
liſations ou atténuations que produi-
ſent différens diſſolvans ſur les différens corps métalliques. On pourra
prendre pour guides Kunckel, & l'*Alchymia denudata*, dans laquelle on
trouvera, ſur les ſels des métaux, quelques circonſtances importantes, qui méritent bien d'être remarquées. Il eſt
toujours avantageux de travailler d'a-
près les auteurs qui ont de l'expérience,
& qui ſe ſont fait des routes qui leur
ſont propres, tels que ceux qui ont tra-
vaillé ſur les métaux cornés, avec le
ſel ammoniac, le vinaigre diſtillé, l'eſprit-de-vin, la calcination d'Iſaac le
Hollandois, les ſublimations de Géber,
les amalgames d'Oſiander, &c : ſeulement il faut ſe défendre de l'envie de
faire de l'or, & s'abſtenir de la deman-
geaiſon de vouloir lire, avant que de
ſçavoir épeller.

CHAPITRE VIII.

*Preuve que les sels sont compo-
sés d'une terre subtile combinée
avec de l'eau, tirée de la diftillation des acides, & de leur
nouvelle combinaison avec une
terre alcaline.*

REVENONS à notre sujet. Il faut observer que les sels minéraux, tels
que le vitriol, l'alun, le nître & le
sel marin, sont composés d'une substance grossiere, fixe au feu, & solide
ou séche, & d'une substance fluide,
ténue & volatile. Cette vérité se prouve
par la distillation des acides ou esprits :
c'est ainsi que nous voyons que l'on
dégage, par la distillation à grand feu,
sans aucune autre addition, la partie
fluide du vitriol. On dégage, de la
même maniere, une portion de l'acide
de l'alun, quoiqu'il en reste une por-

tion senfible , qui demeure combiné
avec fa partie terreufe , & que l'actio
du feu n'en dégage que difficilement
ou point du tout.

Il n'en eft pas de même du nître &
du fel marin dans lefquels l'acide e
tellement combiné avec la bafe alcalin
que l'action feule du feu n'eft pas e
état de le dégager : il faut donc recou
rir à d'autres moyens pour féparer ce
deux fubftances. La chofe eft clai
pour le vitriol & pour l'alun ; mais
refte quelques doutes pour le nître &
le fel marin, vu que l'on tire une li
queur ou efprit acide de ces fels , tan
lorfqu'on les diftille au feu fans add
tion, que lorfqu'on leur joint des i
termedes qui ne paroiffent pas propre
à produire l'effet dont nous parlon

Je ne manquerai point de faire la
deffus mes réflexions ; mais je com
mencerai par rapporter les preuves d
ce que j'ai avancé. C'eft une régle con
nue, & fondée fur la raifon, que le
corps font compofés des fubftance
dans lefquelles ils peuvent être rédui
par l'analyfe ou la décompofition. S
l'on prend de l'efprit de nître, qu'o

joigne avec une grande quantité de
sel de tartre jusqu'à ce qu'il ne se fasse
plus d'effervescence , & qu'on fasse ensuite crystalliser le sel qui en résulte, avec
toutes les précautions nécessaires, on obtient un sel connu sous le nom de *nitre régénéré*. Ce sel est propre à certains usages; mais en vain en attendroit-
on les effets que quelques auteurs prétendent. Cependant il est bon d'avoir
égard aux observations que l'on nous
rapporte sur cette opération , sur-tout
lorsqu'elles ont quelque chose de particulier. En effet, si l'on fait dissoudre
ce nître régénéré dans un vaisseau d'é-
tain, en employant autant d'eau qu'il
en faut pour sa dissolution totale ; si on
la fait évaporer ensuite doucement , on
trouvera que la dissolution agira jusqu'à
un certain point sur l'étain, & le noir-
cira ; ce qui prouve que ce sel neutre
a plus d'activité que le nître ordinaire.
Cependant si avant de faire crystalliser
ce nître régénéré, on en passe la solution sur de la chaux, il perd cette propriété corrosive, & est, de même que
le nître ordinaire , auquel, dans la premiere cuite pour l'extraire de sa terre,

on joint de la cendre & de la chaux.

Mais nous n'avons pas besoin de ces observations minutieuses pour prouver nos principes. Il suffit que l'acide ou l'esprit de nître uni avec un sel alcali, fasse du nître, c'est-à-dire, qu'une substance acide, corrosive, volatile, fluide, étant enchaînée par l'alcali, devienne un corps assez fixe, concret, en cristaux, & propre à s'enflammer avec le soufre & le charbon. Pour détruire cette combinaison, l'on n'a qu'à joindre au nître environ moitié de son poids d'huile de vitriol, & distiller le mélange, d'abord très-doucement, en adaptant à la cornue un récipient dans lequel on aura mis de l'eau; ou bien on dissoudra le nître dans une quantité d'eau suffisante; & alors on y mettra l'huile de vitriol, & l'on distillera à un degré de chaleur convenable. On pourra encore faire la même distillation, en joignant au nître partie, égale de vitriol calciné, ou le double de vitriol frais, ou d'alun. Par ces méthodes on obtiendra de nouveau l'acide; & il restera dans les vaisseaux un sel neutre, semblable à celui qui résulte de l'union

d'un alkali fixe saturé par l'acide vitriolique : ce sel dissous dans de l'eau ,
& crystallisé est exactement le même.

En suivant le même procédé sur le sel
marin , on produira le même effet ; &
l'on dégagera son acide de sa base : on
ne trouvera de différence que dans la
nature de la base alkaline.

Cela suffit pour faire voir que ces
sortes de sels crystallisés sont, en grande
partie , composés d'une substance fixe ,
de nature alkaline. Ce n'est point encore ici le lieu de parler de ses différentes natures : il suffit de sçavoir
qu'elle donne des entraves à la substance acide spécifique.

Il est aussi facile de concevoir qu'un
sel ainsi combiné ne doit pas être regardé comme une substance de même
nature, ou comme un acide combiné
ainsi que Kunckel l'a cru dans ses premieres observations , & que l'on ne doit
pas imaginer que le mouvement du
feu (*motus igneus*) a simplement converti ce sel en une liqueur acide, comme
le prétendent quelques visionnaires qui
disent que ces sels ont été mis dans l'é-
tat de fluidité par la torture du feu.

C v

De ce principe il s'enfuit que, par la diftillation, l'efprit ou l'acide eft dégagé de la partie fixe, qui lui donnoit des entraves : le feu produit cet effet fur le vitriol & fur l'alun, fans qu'il foit befoin d'addition ; mais il ne le produit fur le nître & fur le fel marin qu'à l'aide de quelque fubftance qui détruife la liaifon ; & l'on fentira auffi quels font les intermedes qu'il faut employer pour cette opération. C'eft une méthode affez mauvaife que celle que l'on fuit ordinairement, en mêlant de la glaife ou de la terre bolaire au nître & au fel marin que l'on veut diftiller, & fur-tout lorfqu'on n'employe que trois parties de glaife contre une partie de ces fels. La raifon que les fçavans donnent de cette maniere de procédér, eft que les fels font écartés les uns des autres par ces fubftances folides ; ce qui empêche qu'ils ne fe mettent en maffe état dans lequelle le feu ne pourroit pas les faire paffer à la diftillation ; au lieu qu'il agit plus fortement fur leurs parties ifolées, & les réduit en un *fluide fpiritueux*. Viganus nous parle de cette opération moins ſçavamment, mais d'une maniere plus conforme à l'expérience. En effet il a obſervé qu'en mettant trois parties de terre contre une partie de ces ſels, on obtenoit une très - petite quantité d'acide, & qu'en lavant le réſidu, on en tiroit une grande quantité de nître, ou de ſel marin, ſuivant le ſel ſur lequel on avoit opéré : c'eſt pourquoi il mêla de nouveau ces ſels avec trois fois autant de glaiſe pour recommencer la diſtillation; ce qui lui donna encore de l'acide : après quoi, il lava de nouveau le réſidu qui lui fournit, pour la troiſieme fois, une portion ſenſible de nître ou de ſel marin, qui n'avoit ſouffert aucune altération. Il y joignit derechef trois parties de terre : ce mêlange lui donna encore un peu d'acide.

Cette expérience eſt d'un plus grand poids que les raiſonnemens qui précedent. Malgré cela, il s'eſt trouvé des chymiſtes ſyſtématiques, qui ont prétendu que pour que les ſels fuſſent bien écartés les uns des autres, il falloit joindre neuf livres de glaiſe ſur une livre de ſel; mais il eſt aiſé de ſentir que cela ne fait qu'augmenter l'embar-

C vj

ras & que Viganus s'est donné bien des
peines inutiles dans son opération : cependant quelques-uns ont regardé ce
secret comme fort merveilleux, croyant
que, par son moyen, tout le nître pas-
seroit en acide nîtreux dans la distillation. Cependant Viganus, qui étoit plus
accoutumé à travailler des mains que
de la tête, qui avoit fait l'expérience
des premiers, & qui sçavoit l'embarras qu'il y avoit à mêler une livre de
sel avec dix livres d'une autre matiere
dans une retorte, eut la prudence de
partager le mélange & de ne se point
laisser rebuter par le travail ; c'est ainsi
qu'en usent les habiles chymistes, tandis que les spéculatifs ne haïssent rien
tant que la peine. Cependant on dimi-
nueroit le travail, si, au lieu de prendre
toujours de la glaise nouvelle, on continuoit à se servir de celle qui auroit
été employée dans la premiere distillation ; & comme il faut prendre neuf
livres de glaise contre une livre de nître, on auroit un moindre volume, si
l'on ne prenoit que trois livres de glaise
contre cinq onces & quelques gros de
nître ; ce qui seroit toujours la même

proportion ; & l'on pourroit par-là se dispenser de faire venir toujours de nouvelle glaise, puisque les neuf livres, qui auroient une fois servi, pourroient toujours être employées à écarter les molécules salines & à en tirer l'acide. Viganus n'a point parlé de la raison pour laquelle il s'est à chaque fois servi de nouvelle glaise ; mais j'imagine bien que l'expérience a dû lui apprendre qu'il n'étoit pas indifférent de se servir toujours de celle qui a été une fois employée.

Il en est de même d'une livre d'acide, tirée d'une livre de ce sel. Viganus lui-même n'a pas fait cette opération avec assez d'exactitude. Il est bien vrai que l'on peut obtenir une livre d'esprit ; mais quand on vient à le dégager au bain de sable, de l'eau que l'on avoit mise dans le ballon qui a servi de récipient, on trouvera la prétendue livre d'acide bien diminuée ; & si la chose en valoit la peine, on pourroit encore s'assurer davantage de cette vérité, en se servant des crystaux d'argent, ou même de la lune cornée, suivant l'opération de Kunckel.

Pour s'assurer encore mieux de son opération, l'on n'aura qu'à laver bien exactement la terre qui est restée après la distillation, on fera évaporer la dissolution très doucement, & alors l'on examinera ce qui étoit resté dans la glaise : on pourra le reconnoître parfaitement au moyen de la crystallisation ou même en faisant évaporer jusqu'à siccité, & en comparant le sel qui sera resté avec celui qu'on obtient par la distillation avec de l'huile de vitriol, ou du vitriol, ou de l'alun. Alors on se convaincra facilement si tout le nître ou tout le sel marin s'est converti en acide, ou l'on sçaura ce qui en sera resté ; & l'on connoîtra quelle est sa nature & celle de la substance de la glaise qui a pu s'y joindre.

Cette expérience servira encore à prouver qu'il ne suffit pas, à beaucoup près, d'avoir une terre séche, qui écarte les sels les uns des autres, comme on se l'imagine communément : on verra encore qu'il y a des glaises plus propres que d'autres à cette opération ; & l'on trouvera qu'une substance terreuse très-séche ne vaut rien pour cette opéraon non plus que la glaise qui a déja servi.

Cependant, lorsqu'il s'agit de déga-ger l'acide, soit du nitre, soit du sel ma-rin, cette opération ne dépend pas seu-lement d'un acide vitriolique plus ou moins concentré. En effet, quoique, dans les procédés ordinaires qui ont été rapportés par lesquels on tire les acides de ces sels, la glaise elle-même four-nisse une portion d'acide qu'elle conte-noit, il y a cependant encore une cir-constance que je proposerai comme une matiere à réflexion. Comment se fait-il que la glaise dont se sert pour lu-ter les fourneaux, qui ne prend pas une forte liaison par l'action du feu, & qui ne fait que devenir friable, ou que se vitrifier, soit très-bonne pour la distilla-tion des acides, tandis que la glaise des potiers qui prend une liaison très-forte dans le feu sans se vitrifier, n'y est nullement propre ? Comment se fait-Il que l'argille, ou la terre à potier, qui prend le plus de liaison dans le feu, & qui ne se vitrifie point du tout, se dissout dans les acides, tandis que ces acides n'ont pas plus de prise sur la glaise que sur du sable ?

Comment se fait-il que du sable fin,
de la nature des cailloux, & même un
grand nombre de cryſtaux, se combinent à l'aide du feu, avec un alcali fixe
& cauſtique, de maniere que toutes les
circonſtances prouvent qu'il s'eſt fait
une véritable diſſolution?

Comment ce sable fin, ou le caillou
pulvériſé, mis en fuſion avec du sel alkali, font-ils une véritable efferveſcence, bouillonnent-ils, se gonflent-ils; &,
même, pendant ce gonflement, il s'en
dégage une vapeur acide que Glauber
regarde comme une production de l'alkali, quoiqu'il ne l'ait point suffiſamment
démontré, non plus que Kunckel n'a
pas prouvé la réalité de ses acides tirés
des alcalis?

D'où vient que la chaux parfaitement éteinte ne se durcit-elle jamais toute
ſeule, tandis qu'elle devient, en peu
de tems, dure comme une pierre, quand
elle a été mêlée avec du sable ou de la
glaiſe?

Je ne préſente ces réflexions, que
parce qu'à l'aide du sable tout pur, on
peut dégager l'acide du nître & du sel
marin. Un homme, non expérimenté,

peut essayer pour voir les effets qu'il
produira en ce genre, à l'aide d'un feu
médiocre. Kunckel dit qu'il faut faire
la distillation à grand feu, & insiste sur
cette circonstance à l'endroit où il
donne la maniere de tirer les acides, à
l'aide de la glaise, & non de l'argille à
potier : encore dit-il qu'on n'obtient
qu'un peu d'acide par un feu très-violent. Que celui qui aura ces observations présentes, & qui en aura senti
l'importance par l'expérience, tâche
d'après cela, de concilier ces faits avec
l'affinité & l'analogie qui se trouvent
entre le sable ou les cailloux & les sels,
& qu'il réfléchisse à leur effervescence,
à leur action, à leur combinaison intime avec les alcalis fixes, qui fait lâ-
cher prise à leur partie acide.

Bien plus, qu'il réfléchisse comment
il peut se faire que, lorsqu'une portion
de l'alcali vient à former une combinaison grossiere & terreuse avec le sable
à faire du verre, cet alcali devient
incapable de retenir plus long tems la
partie acide qu'il contenoit.

Quelque haute que soit l'opinion que
j'ai toujours eue de l'exactitude de Kunc-

kel, je n'ai pourtant jamais été parfaitement satisfait de ce qu'il dit sur cet
article : l'on n'a qu'à voir les peines
qu'il se donne dans son *Laboratoire chymique*, pour démontrer le *frigidum* &
le *calidum* dans le nître. Cependant il
observe que l'alcali demeure avec la
terre, & qu'une livre entiere de nître
ne donne que quatre onces d'acide. Malgré cela, il prétend que l'alkali, qui est
demeuré avec la terre, est la substance
communément appellée *nître fixé*. Il
dit ensuite qu'à l'aide de l'huile de
vitriol l'on en peut faire un sel volatil, & assure même qu'on l'obtient en
plus grande abondance qu'avec les alcalis tirés des végétaux, en quoi il a
raison. Il avertit néanmoins qu'il faut
commencer par faire détoner ce *nître
fixé* dans le creuset, à l'aide des charbons : or, si c'étoit un *nître fixé* comme
les autres alkalis, comment pourroit-il
détoner avec les charbons. ?

Kunckel n'a donné à cette substance
le nom de *nître fixé*, que pour se con-
former au langage reçu, suivant lequel on donne aussi le nom de *nître
antimonié fixe*, quoiqu'en grande par-

tie ce ne soit que du vrai nître, & qu'il soit ridicule de nommer le reste du *nître*, & encore plus absurde de le nommer *fixé* parce qu'il ne s'allume ni ne détone plus. Un homme, versé dans la médecine & la chymie nous parle d'un *nître vitriolé*; & quoiqu'il ait rendu de grands services à l'univers, en bannissant de la pharmacie beaucoup d'erreurs, il n'a pas laissé d'introduire ce mot qui n'est propre qu'à induire en erreur.

Je ne m'arrêterai pas davantage sur ce prétendu *nître fixé*, qui demeure après qu'on en a tiré l'acide par la méthode ordinaire : je me contenterai de dire qu'il n'est, en grande partie, que du vrai nître, & que l'on n'a aucune raison pour le nommer *fixé*. Quant à la portion qui ne détone plus avec les charbons, on n'a aucune raison pour la nommer du *nître*.

Ce seroit encore en vain que l'on s'atttendroit à voir cette substance faire effervescence avec l'huile de vitriol, comme Kunckel le dit. Mais si l'on prend le tout, c'est-à-dire cette substance plus fixe avec la partie vraiment

nîtreuſe qu'elle contient, il pourroit bien
ſe faire de l'efferveſcence, & il pourroit s'en dégager un acide ſubtil, mais
que l'odeur & la couleur montreroient
viſiblement nîtreux. Chacun pourra eſ-
ſayer s'il eſt vrai qu'en réglant bien le
feu, l'on obtienne un ſel volatil, & en
plus grande quantité que des alcalis
communs ou du nître fixé ordinaire.

Mais ſi, après avoir tiré ce ſel du *caput mortuum* par le lavage, & l'avoir
fait cryſtalliſer de nouveau, on le fixoit
ſuivant le procédé indiqué, en le mettant dans un creuſet avec de la pouſſiere de charbon, & en le faiſant entrer en fuſion comme cela eſt preſque
inévitable, je ſerois bien étonné qu'un
chymiſte tel que Kunckel eût regardé
ce nître fixé comme ſemblable à celui
qui ſe fait avec le nître pur & les charbons, & l'eût placé au rang des alcalis purs, puiſque ſa rougeur de ſang &
ſon odeur ſulfureuſe annoncent viſiblement qu'il eſt d'une autre nature,

CHAPITRE IX.

De la séparation des Acides du Nître, du Sel marin & du Sel ammoniac, à l'aide des acides vitrioliques & nîtreux.

LA maniere dont on obtient par la distillation l'acide du nître & celui du sel marin, par le moyen de l'acide vitriolique ou de l'acide plus grossier répandu dans la glaise rouge, nous prouve que, dans cette opération, l'alcali de ces sels est attaqué par l'acide du vitriol, & que l'acide, qui y étoit combiné, est forcé de s'en dégager. L'acide nîtreux, versé sur du sel marin, produit le même effet, vu que par-là l'acide de ce dernier est dégagé & passe à la distillation, tandis que l'acide nîtreux se combine avec la base alcaline du sel marin & forme de nouveau du nître qui, dissous dans une

très-petite quantité d'eau, & mis à cryftallifer , forme des cryftaux quadrangulaires. Ces expériences raffemblées
nous prouvent qu'il n'y a point de fondement dans tout ce qu'on nous dit des
diftillations fans intermedes, des fu-
fions , des renverfemens ni du poids
entier du nître & du fel marin con-
vertis en acide , de quelques orne nens
fpécieux qu'on feferve pour nous décrire ces procédés.

Kunckel a très-bien prouvé que le
nître, tenu en fufion pendant fix heures,
ne fe dégagoit point de fon acide , ou
du moins n'en perdoit qu'une très-petite portion. En effet il eft certain que ,
lorfqu'on tient le nître fondu dans un
degré de chaleur qui le faffe bouillon-
ner comme de l'eau , au point d'être
prêt à fortir du creufet , & lorfqu'il a
le contact de l'air , peu-à-peu il fe dif-
fipe en entier , fans que l'acide fe fé-
pare de la partie alcaline ou fixe. Cependant il eft vrai que plus il s'évapore
de ce nître , plus le réfidu devient cauf-
tique & approche de la nature alcaline : c'eft pourquoi Kunckel a très-
bien remarqué qu'il devient alors ca-

pable d'attirer promptement quelque
chose de l'air, vu qu'en effet ce résidu
devient humide & se résout en liqueur.

On voit la même chose dans le sel
marin, qui quelque sec qu'on l'ait employé, après avoir été fondu, attire
l'humidité très-promptement, & cela
en raison de ce qu'il a été tenu plus
long-tems en fusion.

Quant à ce que Kunckel dit de l'esprit de sel, que lorsqu'il a été tiré par
le moyen de vieilles tuiles, il a la
propriété de dissoudre l'or, effet qu'il
attribue au *frigidum* contenu dans ces
tuiles, cette prétention me paroît peu
fondée. Si, par son *frigidum*, il entend
la partie nitreuse, qui a pu, à la longue,
s'insinuer dans ces tuiles, il n'est pas
surprenant que ce nitre, joint à l'acide
du sel marin, produise le même effet
que si l'on y avoit mêlé quelques gouttes d'esprit de nitre, comme Kunckel
le dit au même endroit.

On voit encore que l'esprit de sel,
obtenu par le moyen de l'acide nitreux,
peut produire l'effet en question, vu
que, dans la distillation, il passe visiblement une grande quantité d'a-

cide nîtreux avec l'acide du sel marin.

Il est aisé de sentir que la même chose arrive avec les alcalis volatils. Si l'on met dans une cornue deux onces de sel ammoniac pulvérisé avec autant d'huile de vitriol, il se fait une effervescence si forte, que si la cornue n'est très-ample, le mêlange en sort.

Mais d'où celà vient-il ? Kunckel attribue cet effet au combat du *frigidum* ou de la partie volatile du sel ammoniac, & du *calidum* ou de l'acide de l'huile de vitriol. Jusques-là il a raison ; mais il ne prouve point que l'inimitié du *calidum* soit assez forte pour chasser le *frigidum*. Il auroit dû nous dire où ce dernier peut rester & où il est réduit à se refugier.

Il est encore moins aisé de concevoir, puisqu'on suppose aussi un *frigidum* dans l'acide nîtreux, comment celui-ci peut combattre si vivement celui qui est contenu dans le sel ammoniac. En effet, si dans un esprit de nître bien déphlegmé, l'on met environ une quatrieme partie de sel ammoniac, il ne se fait aucun mouvement ; &, pendant plusieurs heures, on ne s'apperçoit

le rien. Mais, si l'on met le matras à
col étroit, qui contient le mélange, dans
de l'eau assez chaude pour faire liquéfier de la cire, le mélange s'éleve &
se gonfle considérablement ; & alors
le sel volatil, joint à l'acide nitreux,
sort avec une telle violence, que les
yeux de l'opérateur, ainsi que son nez
& ses poumons, sont dans le plus grand
danger. Que devient donc le combat
du *frigidum* volatil & du *calidum*
acide, puisqu'ils demeurent intimement
unis ? Il est vrai qu'on dira peut-être
qu'ils *se détruisent* mutuellement ; mais
ce sont là des mots qui n'expliquent
rien : l'un & l'autre demeurent ce qu'ils
sont ; & ils n'ont pas plus d'inimitié
que le mercure & l'or, que le soufre
& le mercure, que l'acide vitriolique
& le fer.

Il est évident qu'il se fait ici la même
chose que dans le nitre & le sel marin,
qui sont des sels plus fixes ; je veux dire
que l'acide vitriolique & l'acide nitreux, enlevent l'alcali volatil à l'a-
cide du sel marin, qui lui est uni dans
le sel ammoniac, & par ce moyen, cet
acide se dégage & donne l'esprit de sel.

D

Mais, d'un autre côté, Kunckel a la
plus grande raison de dire que les di-
férentes manieres d'opérer, & les di-
verses additions que l'on emploie, produisent des différences & contribuent
plus ou moins à la subtilité de ces acides & à leur activité. Il donne même
des avis importans sur les cémentation
& graduations, quoique souvent i
décrive des manipulations à l'aide des-
quelles on obtient à la vérité, des acides subtils, mais affoiblis & étendus
par une si grande quantité d'eau, qu'il
faut de nouveaux tours de main pour
en tirer parti, tandis qu'ils montreroient
des effets tout différens, s'ils étoient
concentrés.

CHAPITRE X.

*De la Combinaison intime de l'a-
cide & de l'alcali, & de la
Maniere de séparer les acides
des autres substances avec lesquelles ils sont combinés.*

APRÈS avoir suffisamment prouvé
la combinaison & la séparation
de l'acide du nître & du sel marin
avec sa base alcaline, il faut encore
faire quelques remarques sur l'acide du
soufre ou du vitriol. Mayow prétend
que, lorsqu'on le combine avec l'alcali
du tartre, il se fait un nouveau vitriol,
ou du *vitriol régénéré*. Il est aisé de
sentir la fausseté de cette assertion. Cependant Détharding, dans ses Objections contre Agricola, parle d'un sel de
cette nature, qui du moins dans un
point, a beaucoup de rapport avec le
vitriol ordinaire ; & il seroit à souhai-

ter que son procédé pût réussir, vu
que l'on en tireroit l'acide vitriolique
concentré, ou ce qu'on appelle *l'huile
de vitriol* avec beaucoup plus de facilité, que du vitriol lui-même, attendu
qu'il assure qu'il suffit de faire rougir ce
sel pour dégager l'acide de son alkali.
J'avoue que je ne comprends pas comment il a pu y parvenir. Il est pourtant
difficile de croire qu'il n'ait pas fait
cette expérience, vu que c'est à elle
qu'il en appelle. Ce qui me paroît le
plus probable, c'est qu'il veut parler
du tartre vitriolé. C'est aussi ce sel que
Basile Valentin paroît avoir eu en vue,
lorsqu'il dit, en parlant de ce dissolvant, qu'après qu'une partie phlegmatique insipide est passée, il s'é-
leve des vapeurs blanches accompa-
gnées d'acide, & qu'alors il faut cesser;
ce qui seroit remarquable eu égard à
la partie insipide, dont il fait les plus
grands éloges. Cependant cet avis est
inutile, vu qu'alors il ne passe plus
d'acide que ce qui est de trop, pour
la saturation de l'alcali sur lequel on
l'a versé; mais il n'en est point de
même du sel qui s'est parfaitement

combiné, dont l'acide ne se sépare point avec la même facilité.

Nous avons encore un exemple re-marquable dans le sel admirable de Glauber, qui se fait, en combinant l'a-cide vitriolique avec l'alcali du sel ma-rin ; car, comme en faisant ce sel, l'on ne peut rencontrer exactement le point de saturation, à cause de la différence qui se trouve dans la force de l'acide vitriolique, quand même on pousse-roit la distillation de l'acide jusqu'à faire fondre le sel qui reste dans la cornue, il se trouve encore propre à dissoudre une portion de métal, que l'on peut précipiter par un esprit volatil urineux ; ce qui n'arriveroit point, si, dans ce sel, l'acide étoit pleinement sa-turé par l'alkali fixe. Cet acide est si fortement uni avec l'alkali, que même un feu capable de faire fondre ce sel ne peut pas l'en séparer, sans parler des alkalis végétaux auxquels cet acide est encore plus fortement lié.

Cependant Kunckel, en parlant de ce sel dans ses premieres observations, dit que l'on peut en tirer un acide, ou esprit, semblable à celui du sel marin.

Je n'ai jamais pu réuſſir à faire cette
expérience. Il eſt vrai que, comme il
dit dans ſon Laboratoire chymique,
que ce ſel a de l'amertume, ce qui
ne convient point au ſel marin, cette
circonſtance me donna des ſupçons ;
or ce ſel, étant bien fait, n'a point de
goût ſalin, mais ſeulement un goût très-
amer. Il ne ſe diſſout que dans une
grande quantité d'eau, tandis que le
ſel marin ſe diſſout ſouvent de lui-
même à l'air ; joint à ce que ſes cryſtaux ſont d'une forme différente, &
d'un poids plus grand que ceux des autres ſels. Il n'entre en fuſion qu'à un
feu très-violent. Mêlé avec de la pouſſiere de charbon, il fait du ſouſre, &c.
d'où je conclus que l'on ne peut pas
avec Kunckel le regarder comme du
ſel marin, dont il différe par tant d'endroits.

Mais je conviens que j'ai trouvé,
dans ſon Laboratoire, le nœud de l'é-
nigme, quoique je n'aye pu encore
écarter toutes les difficultés.

Dans les ſels alkalis, qui ont été tirés de différentes plantes, tel qu'eſt
la ſoude qui eſt faite avec le kali, &

celui dont parle Simon Pauli, qui est
fait avec la camomille, il peut se trouver dans l'eau-mere une portion de
sel marin qui ne s'est point crystallisée;
mais Kunckel observe expressément
que, pour obtenir cet esprit de sel des
alkalis même, il faut employer un feu
très-violent, & que cependant on n'en
obtient qu'une très-petite quantité qui
n'a qu'une sorte de ressemblance avec
l'esprit de sel.

Il y a long-tems que Glauber, dans
la Partie II Chap. 79 de ses *Fourneaux*,
s'est expliqué plus clairement sur cette
matiere. Non-seulement il dit qu'il a
pris du sable ou des cailloux pour cette
opération; & il a observé que le mêlange se gonfloit. Mais de plus, il remarque que cet acide, qu'on obtient,
est d'un goût très-différent de celui du
sel marin, ou même du vitriol.

Il dit que « lorsqu'on voudra tirer
» un pareil acide des sels formés par
» la combinaison de l'acide du soufre,
» du nître & du vitriol avec l'alkali,
» & lorsqu'on y mêlera de la brique
» pilée, on ne réussira qu'en faisant
» entrer ces sels en une véritable fu-

» fion ; & alors l'alkali attaque le fa
» ble fin des briques, & laiffe all
» une portion de l'acide avec lequ
» il étoit combiné. » Ceux qui auro
plus de tems que moi pourront exan
ner plus attentivement ce procédé
pourront faire des expériences ave
cet acide, en le faifant cryftallifer ave
des alkalis, ainfi qu'en l'employant
des diffolutions & des précipitation
métalliques ; & l'on pourra fe fervir
par préférence, du fel admirable d
Glauber, vu qu'il fe fond plus aif
ment, &, au lieu de brique pulvéri
fée, employer du fable ou du caillou e
poudre.

Cependant il feroit encore bon d'ex
aminer fi l'efprit de fel tiré par le fa
ble, à la maniere de Kunckel, n'a pa
quelque différence ; mais il faut pou
cela beaucoup d'attention, vu que le
acides obtenus par le fecou
par le fecours de la bri
que, ou de l'argille, ou de l'alun, o
du vitriol & de fon huile, ne fon
pas exempts de foupçons, pour le
raifons que nous allons déduire.

CHAPITRE XI.

*Si les Acides participent des in-
termedes ou additions que l'on
a employés pour les obtenir, &,
par conséquent s'ils font purs ou
mélangés ?*

ON fçait, & nous l'avons déja
fait remarquer en parlant des Obfervations de Détharding, les éloges
que Bafile Valentin a donnés à un efprit tiré du fel formé par la combinaifon de l'huile de vitriol & du fel de
tartre, fur quoi il faut remarquer qu'il
exige que ce tartre foit calciné jufqu'à blancheur. Il dit que cet efprit
eft femblable à de l'eau pure : Beccher prétend qu'il eft urineux, dans fa
Concordance chymique pag. 314. Mais
je ne connois que Kunckel qui ait dit
de quel ufage cet acide ou efprit peut
être pour la diffolution des métaux.

D v

Si, 1° les sels alkalis, combinés ave
l'acide vitriolique, donnnent une e
pece de substance saline volatile, & si
2° ces sels mêlés avec le sable ou
caillou pulvérisé donnent pareille
ment un esprit qui, quoiqu'assez sem
blable à celui du sel marin, n'est pour
tant pas la même chose que lui,
doit naître un doute si les acides, qu'on
tire du nître ou du sel marin pou
la distillation desquels on est forc
d'employer des additions ou intermé
des, sont bien purs & ne sont poin
altérés par des acides étrangers.

Kunckel croit prévenir ce doute
lorsqu'il dit que ces substances sal
nes contiennent dans leurs principe
une substance volatile ou ce qu'il ap
pelle un *frigidum*, & que si ces in
termedes, qu'on leur joint, leur com
muniquent quelque chose, il doit être
homogène ou de la même nature. Il
prétend prouver le *frigidum* dans le
nître par son inflammation; mais il ne dit
pas pourquoi ce *frigidum* ne s'allume
pas, ou n'est pas chassé au plus grand de
gré du feu, lorsqu'il n'a pas le contact
immédiat de la matiere inflammable. Il

sure que ce qui forme corporellement la chaleur, est un acide qui repousse le *frigidum volatile*, aussi-tôt
qu'il le touche, & non auparavant ;
combat auquel il attribue la détonnation. Mais comme toutes ces assertions ne peuvent pas se prouver, &
ne s'accordent nullement avec les expériences que l'on peut faire sur l'a-
cide vitriolique & sur le nître, il n'est
rien moins que décidé que cet acide
nîtreux, par exemple, renferme une
substance volatile de la même nature
que celle qui se forme ensuite par le
concours de l'acide vitriolique avec
l'alkali du nître. Il faut un grand nombre d'expériences bien constatées, avant
que de tirer de pareilles conséquences.

Je vais en citer un exemple qui re-
vient à notre sujet : il s'agit du dégagement d'un acide par une voie dont
on a peu parlé & que l'on a encore
moins expliquée.

Basile Valentin parle d'une liqueur
qu'il nomme *eau des champions* (*aqua
pugilum*,) parce qu'on la compose de
deux substances contraires dont il appelle l'une *l'aigle*, & l'autre le *dra-*
D vj

gon *de la roche*, ou ailleurs le *serpe[nt]*
de la pierre, par où il entend le ni[tre]
(*sal petræ*,) tandis que *l'aigle* est [le]
sel ammoniac. En parlant de cette ea[u]
il dit que par le moyen du *siege infe[r-]*
nal, c'est-à-dire par le moyen du fe[u]
on peut chasser du dragon un esp[rit]
volatile igné, qui brûleroit les plum[es]
de l'aigle.... & que par-là il faut di[s-]
soudre quelque chose dans l'eau.

L'expérience confirme cette opé[ra-]
tion dépouillée de son merveilleux, e[n]
ce qu'en portant ce mêlange dans u[ne]
cornue tubulée, comme il le dit un[ique-]
ment ailleurs, il se produit une vérit[a-]
ble flamme, (c'est pourquoi il fa[ut]
mettre ces substances séparément da[ns]
la cornue;) & il passe un esprit o[u]
une liqueur blanche dans le récipien[t.]

Pour examiner la chose, l'on n'a qu'[à]
mettre une portion du mêlange dan[s]
un creuset ouvert, que l'on aura fai[t]
rougir, ou bien y faire fondre du ni[-]
tre & y mettre ensuite du sel ammo[-]
niac en petits morceaux.

Kunckel a aussi parlé de cette *ea[u]*
des champions; mais il n'en rapport[e]
aucune des particularités précédentes.

Il pense qu'elle ne differe en rien d'une autre eau régale, dont il donne la préparation, en avertissant néanmoins qu'il y a des inconvéniens à craindre, sur-tout si l'on se presse. Il ne s'agit point ici d'examiner si cette eau est meilleure ou plus mauvaise; mais il est évident qu'elle est différente, vu que, dans l'eau de Basile Valentin, on ne peut trouver d'acide nîtreux; au lieu qu'il y en a beaucoup dans celle de Kunckel, comme on peut en juger par sa couleur qui est très-différente; car, quoiqu'il ait raison de dire que les vapeurs d'un esprit de nître bien concentré passent dans le récipient, avec autant & même plus de force que lorsque l'on met les deux sels en nature, il y a pourtant une différence visible, sçavoir que, dans le premier cas, les vapeurs sont brunes & nîtreuses, & si l'on pousse le feu trop fort, le tout passe sous la forme d'une écume; au lieu que, dans l'autre cas, l'on obtient une ïqueur blanche, qui a sensiblement l'odeur de l'esprit de sel.

Quelque simple que soit ce procédé,

il est difficile à expliquer ; & je voudrois sçavoir comment Kunckel l'eût
fait d'après ses principes. L'acide du
sel contenu dans le sel ammoniac ne
repousse ni le *volatile* ni le *frigidum* ;
il ne s'allume point & ne détonne pas
avec lui. L'acide nîtreux pur n'entre encore pour rien dans ces effets, soit
qu'on le combine, soit qu'il soit déja
combiné avec le sel volatil, qui est en
abondance dans le sel ammoniac, ou
avec le sel volatil pur. Je voudrois
bien que Kunckel pût me dire ce qui
fait que le nître, sur qui tout roule
dans cette opération, détonne & s'enflamme. Il est vrai qu'il parle d'une
substance visqueuse ou onctueuse ; mais
ce n'est jamais d'une façon assez claire
pour en donner une idée, non plus que
de sa façon d'agir , ou pour concevoir comment elle a pu se joindre au
nître ou sel ammoniac. Je ne puis pas
concevoir que par son *unctuosum*, il
veuille désigner autre chose que ce que
j'appelle *phlogistique*. Kunckel prend
sa dénomination des substance grasses
dont ce phlogistique est le principe ;
& moi je la prends des effets ou de

l'inflammabilité que je lui trouve ; & pour cela, il n'est pas nécessaire qu'il soit sous la forme d'une graisse.

En effet, comment Kunckel pourroit-il concevoir quelque chose de gras dans les métaux, tandis que la dénomination du principe inflammable est applicable aux trois règnes de la nature, & qu'il est aisé de faire voir que, des végétaux & des animaux, on peut le faire passer en un instant, dans les métaux, comme on le voit par l'effet des charbons & des graisses.

On feroit donc, dans le cas dont il s'agit, une quantité de graisse suffisante pour former de la flamme & pour causer une détonation. Ce n'est assurément pas dans l'acide du sel marin ; ce n'est pas non plus dans l'alkali du nître : je le trouve bien dans l'acide nitreux & dans le sel volatil urineux ; mais Kunckel prouve lui-même qu'il ne l'y a point vu. Il parle beaucoup de son *frigidum* & de sa ressemblance avec l'*acidum calidum*, par le moyen duquel ils se tiennent réciproquement liés ; mais qu'y a-t-il dans le sel volatil ? Contient-il aussi une substance onctueuse ou non ? ou bien est-ce aussi un acide qui retient son *frigidum*, ou qui en est retenu ? Ou comment l'acide, en expulsant ce *frigidum*, produit-il une détonation ? & où est la substance onctueuse, qui s'allume durant cette détonation ? Je le répete, si la détonation venoit du combat de l'acide avec le *frigidum*, il faudroit que le sel ammoniac détonnât seul, lorsqu'on le sublime. Si cet effet étoit dû à l'acide nitreux, il devroit le produire, lorsqu'on le combine avec le sel ammoniac ou le sel volatil, ou bien lorsqu'il est déja combiné avec lui ; ce qui n'arrive jamais.

La même détonation devroit se faire, lorsqu'on combine l'huile de vitriol avec le sel ammoniac, puisqu'il s'y unit encore plus fortement, au point même de résister à une chaleur modérée ; mais cela n'arrive point.

On ne peut pas non plus expliquer, par le combat du *calidum* & du *frigidum*, les violentes effervescences capables de briser les vaisseaux que fait la combinaison de l'huile de vitriol avec le sel ammoniac, même à froid ; ou celle de l'acide nitreux, concentré à chaud ; ou celles que produisent l'esprit de sel & le vinaigre lui-même, lorsqu'on les combine avec le sel volatil urineux. En effet il se fait une effervescence aussi grande, lorsqu'on met de la craie ou de la chaux dans ces mêmes acides, quoique dans ces substances l'on ne puisse supposer, pas plus que dans le sels volatils, ni *frigidum* ni *viscidum*.

Mais il est évident que, lorsqu'on expose au feu l'acide du nître uni à son alkali, si, pour lors on y joint une substance qui contient du phlogistique, même étroitement uni, ces deux substances montrent leur énergie, rompent les liens qui les retenoient ; & alors l'eau elle-même, qui entroit dans la composition essentielle du nître comme sel ... produit une flamme.

Comme dans le sel ammoniac, la partie onctueuse, contenue dans le sel volatil urineux, est retenue assez pour pouvoir s'unir avec la partie onctueuse ou le phlogistique du nître ; dans cette opération, elle se dégage aussi, & en même tems, se dégage aussi la partie,

tant de la substance saline nîtreuse, qu
de la substance saline volatile urineu
& elle produit la flamme, en répanda
les parties enflammées.

Je veux indiquer aux curieux u
moyen d'examiner avec soin ce qu
deviennent les sels nîtreux & urineu
dans cette opération. Que l'on prenn
quelques onces de sel ammoniac, qu'o
les mêle avec poids égal d'un sel alka
bien pur ; qu'on mouille legéremen
ce mélange ; que l'on sublime le se
volatil à un feu, doux tel qu'il convient, & que l'on observe son poids
Que l'on prenne alors autant d'onces de ce même sel ammoniac que l'o
mêlera avec autant ou même plus de
nître ; que l'on distille pour avoir l'esprit de Basile Valentin, avec toute la
précaution possible pour ne rien perdre ; que l'on mette dans cette liqueu
assez d'alkali pur pour la saturer, &
qu'après avoir employé tous ses soins
pour ne rien perdre, on examine la
quantité de sel volatil urineux qu'on
en tirera ; que l'on recombine de nouveau ce sel volatil avec de l'esprit
de sel pour en refaire du sel ammoniac;

qu'on le traite de la même maniere
avec du nître ; qu'on réitere l'opération jusqu'à ce qu'il ne se montre plus
de sel volatil ; que l'on ne se rebute
point du travail, il ne durera pas long-
tems ; & l'on s'appercevra que l'on
aura zéro pour zéro.

Lorsque l'on aura trouvé ce qu'est
devenu le sel volatil urineux dans
cette eau des champions, & qu'on
aura comparé son poids avec celui
qu'aura donné ce qu'on aura tiré du sel
ammoniac & de l'alkali, il ne restera
plus qu'à chercher ce que sera devenu
l'acide nîtreux, ou le nître lui-même.

Pour cet effet, l'on prendra le résidu
duquel on aura obtenu le sel volatil :
on le fera dissoudre & crystalliser.
On observera la forme & le goût des
crystaux : on les portera sur des charbons ardens pour voir s'ils y déton-
nent à la façon du nître ; on les fera
dissoudre pour en faire l'essai sur une
dissolution d'argent : enfin on les distillera avec un peu d'huile de vitriol ;
& l'on remarquera si les vapeurs, qui
s'élevent, sont nîtreuses, par l'odeur ou
par la couleur.

On fera la même chose avec ce
fera resté dans la cornue, que l'
fera dissoudre, crystalliser, & que l'
examinera par tous les moyens po
bles.

De cette maniere, on pourra
promettre de découvrir ce qui a
s'enflammer & ce qui a détonné;
qu'il est devenu; que l'acide du sel a
moniac, après la décomposition de l'a
kali volatil avec lequel il étoit combin
a passé sous la forme de vapeurs bla
ches ou d'une liqueur corrosive; qu
l'acide nîtreux décomposé n'a donn
qu'une petite quantité d'eau; que
phlogistique, qui s'est dissipé & en
flammé, est de l'air que l'on ne pe
plus retrouver, & qu'une bonne pa
tie de l'alkali du nître conserve sa fa
çon d'être alkaline, & que ce qui e
a été saisi par l'acide du sel ammo
niac, a formé du sel marin régénéré
que s'il y a eu trop de nître, vu qu
l'on ne peut pas être toujours d'un
parfaite exactitude dans les propor
tions, on reconoîtra sa présence à la
forme des crystaux, & à leurs effet
sur un charbon ardent.

Que l'on fasse un pareil sel ammoniacal avec l'acide du nître & du
sel volatil urineux, ou à l'aide de
ce même sel & de l'acide vitriolique,
& qu'on les traite avec du nître, on
trouvera la preuve de son opération;
& l'on se mettra en état de réussir
constamment dans le même procédé.

Kunckel a eu très-grande raison de
regarder Glauber comme un excel-
lent chymiste, puisque l'esprit, qu'il a
tiré du nître & des charbons, eût dû
ouvrir les yeux de tout le monde,
vû qu'il dit que par-là il passe une
eau à la distillation. Les charbons ne
pouvoient la fournir : il falloit donc
qu'elle vînt du nître, mais il a eu tort
de prétendre que cette eau étoit d'une
utilité particuliere pour les hommes &
pour les métaux. Il auroit dû le prouver ou n'en rien dire, & simplement
indiquer à quoi cette liqueur étoit dûe.
Les charbons ne pouvant fournir cette
liqueur merveilleuse, il falloit qu'elle
ne fût que de l'esprit de nître que l'on
connoît, & dont les propriétés ne sont
point si avantageuses aux hommes que
Glauber a voulu le prétendre. Il a de

l'utilité dans les travaux métalliques ;
mais il falloit prouver qu'il leur pro-
curoit une amélioration merveilleufe.
En un mot, ces prétentions ne fer-
vent qu'à gâter le métier ; & comme
ceux qui fe propofent de pareilles chi-
meres, ne voient rien au-delà, lorfqu'ils ne réuffiffent pas, ils ne vont
pas plus loin. Mais ceux qui ont une
curiofité raifonnable, trouveront dans
ce travail des circonftances dignes d'attention ; & Beccher fe fût épargné
bien du travail, s'il eût fait réflexion
à cette expérience journaliere.

CHAPITRE XII.

De la Maniere de faire du vi-triol, à l'aide du foufre & du feu.

QUITTONS cette matiere, jufqu'à
ce que nos fels nous foient encore
plus connus. Il faut préfuppofer que lorfqu'un chymifte parle du vitriol, du

...itre, de l'alun & du sel marin, il
n'a point en vue ces sels grossiers, tels
qu'on les trouve dans le commerce ;
mais il envisage leurs parties salines
propres, & spécifiquement différentes,
ou ce qu'on appelle l'acide qui les
constitue.

Cependant j'ai déja dit que, dans le
nitre & le sel marin, tels qu'on les débite, leur acide est uni avec une substance alkaline, & constitue ainsi un
sel qui est, à la vérité, moins pénétrant
& moins savoureux, que lorsqu'il est
sec & crystallisé.

Mais le vitriol, qui se montre dans
quelques mines telle que celle de Hesse
dont Glauber à parlé, est un produit
de l'acide contenu dans le soufre ; &
on peut le faire de même, à l'aide du
soufre & d'un métal. Ainsi je vais
encore dire quelque chose de la façon de faire du vitriol par le moyen
du soufre & du feu.

Il seroit fastidieux de rapporter tous
ceux qui ont écrit sur ce sujet ; mais
il seroit facile de compter ceux qui
ont connu le vrai principe de ce travail, ou qui en ont expliqué claire-

ment les vraies circonstances invisibles.

On nous dit de mêler de la limaille de fer ou des lames de cuivre avec du soufre ; de les exposer à un feu modéré, ou bien de faire rougir du fer jusqu'à blancheur, & d'y appliquer des morceaux de soufre, & de recevoir ce qui en découle dans de l'eau placée au-dessous. On peut aussi plonger un fer très-rouge & scintillant jusqu'au fond d'un vaisseau étroit & profond, rempli de soufre, en éteignant celui qui s'allume par le haut ; & l'on y parvient également, ou peut-être encore mieux. Le soufre se combine encore plus aisément avec le cuivre.

Lorsque le métal est parfaitement combiné avec le soufre, & en a été pénétré, on le réduit en poudre & on le calcine doucement. Mais qu'entend-on par une une calcination douce ? Celà signifie simplement qu'il ne faut pas que le feu soit assez fort pour dégager l'acide du métal avec lequel il s'est combiné, & qu'il faut que la chaleur soit telle que celle que l'on emploie pour calciner un vitriol déjà formé.

Mai

Mais ce n'est pas communément en cela que l'on péche ; c'est en ce qu'on veut en tirer du vitriol par le lavage, tandis que le soufre en entier est encore attaché au métal, & lorsque son acide n'est point encore séparé d'avec sa partie inflammable. C'est pourquoi l'on calcine doucement, & d'une façon presqu'imperceptible, en remuant continuellement la matiere qui est legérement étendue : de cette maniere, la matiere inflammable du soufre est dégagée lentement ; & son acide se combine avec le métal, & l'on peut dissoudre le tout dans l'eau.

On ne peut mieux faire, pour rendre cette opération sensible, qu'en prenant parties égales de soufre & d'alkali pur, ou bien trois parties d'alkali & deux de soufre : on les fait fondre dans un creuset ; on vuide la matiere fondue ; on la laisse un peu refroidir ; on la pulvérise, & on la calcine sur un bassin placé sur des charbons, le plus doucement qu'il est possible, en remuant continuellement, jusqu'à ce que la matiere devienne un sel blanc, que

E

l'on diſſout alors dans de l'eau, & qua...
l'on fait cryſtalliſer ; & alors on a u...
ſel formé par la combinaiſon de l'a...
cide vitriolique & d'un alkali, vu qu...
la partie inflammable, étant conſumé...
doucement dans cette opération, é...
abandonnée par l'acide qui s'unit à l'a...
cali.

Pour que le ſoufre ſe combine ave...
le fer & le cuivre, il faut pareillemer...
que ſa partie inflammable ſoit déga...
gée préalablement, & celà, en modé...
rant le feu, de maniere que ſon acid...
ne ſoit point chaſſé en même-tem...
Mais il eſt bon de remarquer que, dan...
ces métaux, la ſubſtance inflammable...
eſt diſpoſée de façon qu'en la faiſan...
rougit à l'air libre, elle peut ſe diſſip...
& ſe conſumer, vu que le métal e...
réduit en une eſpece de pouſſiere : c'e...
ce que l'on voit, en jettant dans le fe...
de la limaille de fer, qui en paſſant pa...
la flamme, s'allume, fait de petites éti...
celles & ſe réduit en une ſubſtanc...
terreuſe, comme Kunckel l'a obſervé...
L'on voit la même choſe dans les éti...
celles que l'on fait ſortir de la pierr...
à fuſil, en la frapant avec de l'acier...

ainſi que dans le fer chauffé juſqu'à
blancheur, ſur quoi l'on doit remarquer qu'il ne ſcintille point, tant qu'il
eſt au milieu de la braiſe, ou ne jette
point d'étincelles; mais, lorſqu'on le
tranſporte ſubitement du feu à l'air libre, il répand au loin des étincelles,
& pétille avec force; & même une
pareille barre de fer bien échauffée
tirée du feu, quand on la retourne
avec promptitude, s'enflamme & répand des étincelles encore plus fortes.
Je ne me rappelle pas ſi c'eſt dans
Kunckel, ou ailleurs que j'ai trouvé,
qu'un paquet compoſé de pluſieurs
brins de fer, ou de reſſorts d'acier,
fortement échauffé dans le feu, à l'aide
des ſoufflets, lorſqu'on le retire ſubtile-
ment du feu, & qu'on ſouffle deſſus
avec un ſoufflet de main que l'on en
approche de très-près, une partie du
fer ſe fond & découle; & il en part
un plus grand nombre d'étincelles, que
lorſqu'on ne fait ſimplement que l'expoſer à l'air.

Quoique je ne rapporte cela qu'à
l'occaſion de l'inflammation des métaux, il peut néanmoins ſervir à faire

voir qu'un métal, réduit en une poudre déliée, peut être aisément privé
de son phlogistique, en même tems que
de son acide, par une chaleur trop
forte. Il y a de plus une circonstance
à remarquer, sur-tout relativement au
fer, mais qui n'est faite que pour ceux
qui cherchent sincérement à pénétrer
dans la nature des choses.

J'ai déja dit dans mon *Traité du*
Soufre, comment, en combinant le fer
avec l'acide vitriolique concentré, on
pouvoit produire un soufre réel; ce
qui ne réussit que foiblement ou point
du tout, en employant une huile de
vitriol affoiblie par beaucoup d'eau.

Il faut encore observer que, si l'on
réduit, soit le cuivre calciné, soit le
safran de Mars, soit les écailles de
fer que le marteau détache, en une
poudre très-fine, & si l'on verse sur
cette poudre placée dans un vaisseau
découvert, pendant deux ou trois jours,
une petite quantité d'acide vitriolique
concentré, cette poudre, à mesure
que la partie aqueuse s'évapore, forme
du vitriol.

Il est encore une circonstance qui

Kunckel paroît seul avoir remarquée, & qui mérite de l'être, c'est que le fer, lorsqu'il est attaqué par le soufre par une espece d'inflammation, perd réellement une portion de la substance qui le rend propre à être attaqué par l'acide.

Lors donc que le soufre a attaqué le fer & s'est intimement combiné avec lui, on pourroit s'imaginer, puisque la substance inflammable, propre au soufre, est chassée par la chaleur la plus douce, que son acide devroit retrouver dans le fer assez de matiere inflammable pour reproduire de nouveau soufre, & même pour en être dégagé conjointement avec elle, puisque son acide, sur-tout dans cet état où il est si dépourvu d'humidité, ne peut attaquer que foiblement le fer, quand il est privé de sa matiere inflammable, ni s'attacher fortement à lui. En effet, Kunckel a pareillement remarqué que l'huile de vitriol qui est chargée d'eau, ne pouvoit point agir sur le *caput mortuum* du fer, ni s'unir avec lui ; & l'expérience prouve d'ailleurs que, quelque précaution que

l'on emploie dans la calcination, &
quelque peine qu'on se donne, on
n'obtient néanmoins que très-peu de
vitriol.

Toutes ces réflexions sont fondées ;
& il est certain que la difficulté vient
de l'impossibilité presque totale où l'on
se trouve d'entretenir le feu égal &
doux dans cette opération, ce qui fait
ou qu'une portion du soufre n'est point
suffisamment consumée, ou qu'une partie de l'acide qui s'est combiné avec
les molécules de fer, en est chassée,
lorsqu'on fait durer la calcination trop
long-tems.

Quand cette calcination s'est faite
le plus doucement qu'il est possible,
si on enleve par le lavage la portion
qui a été dissoute, & qu'ensuite on
calcine de nouveau le résidu, on obtient, la seconde, la troisieme & la quatrieme fois qu'on lave, beaucoup plus
de vitriol que la premiere ; ce qui peut
contribuer à faire cette expérience avec
exactitude, quoiqu'il n'y eût point de
profit à suivre cette méthode.

L'on ne doit pas mépriser la méthode que Kunckel propose dans ses

Observations, ainsi que dans son *Laboratoire*, pour faire le vitriol, par le moyen d'une moufle lutée, que l'on tient, pendant deux ou trois jours, dans un feu modéré ; mais l'opération ne réussira point, si la moufle n'a pas quelques fentes elle-même, ou dans le lut, qui fourniffent un paffage au phlogiftique du foufre qui se dégage doucement, & qui s'annonce par une odeur femblable à celle du foufre qui brule. Cette odeur ne vient nullement du foufre, mais de fon acide qui s'étoit déja uni avec le métal, & de la vapeur du charbon allumé, comme je l'ai fait voir dans mon *Opufcule*, en parlant de la maniere d'obtenir l'efprit fulfureux volatil du vitriol, *page* 344.

Il ne faut pas non plus négliger ce que Kunckel obferve fur le vitriol de Mars, qui prend une couleur jaune ou d'un rouge vif : *Voyez* fes *Obfervations, pages* 345 & 349, fur quoi l'on peut fe rappeller ce que j'ai dit dans mon *Traité du Soufre*, que lorfqu'on purifie le vitriol, il ne faut pas tant faire attention à la forme & à la couleur des cryftaux ; mais il faut plu-

tôt faire attention à ce qu'il ne se cry-
tallise point , à quoi l'on peut enco
ajoûter ce que dit Kunckel fur la façon de purifier le vitriol , & de l
changer en une fubftance onctueufe.

Quoi qu'il en foit , le procédé d
Kunckel eft plus long & plus pénib
que le mien , qui confifte à réduire l
fer en fafran de Mars , en le faifant fo
dre avec l'alkali fulfuré ; à emporte
cet alkali par le lavage ; à faire féch
doucement le fafran de Mars , en l'é
tendant peu épais , & en donnant un
chaleur auffi douce que lorfqu'on commence à calciner l'antimoine crud ; ce
qui fe fait le mieux dans l'obfcurité,
après quoi , on bat ce fafran , ou o
l'agite dans de l'eau pure ; ce qu
donne , non une folution verte , mai
d'un brun jaunâtre , car je ne puis pa
dire l'avoir eu ni rouge ni d'un roug
vif. Néantmoins cette opération fe fai
prompement ; & je fuis perfuadé que
que , fi l'on mettoit ce fafran de Mar
à calciner fous une moufle lutée à l
maniere de Kunckel , on iroit beaucoup plus vîte , & l'on s'épargne-
roit de la peine & des longueurs né

effaires pour fulfurer le fer rougi.

Enfin l'on ne doit point méprifer la méthode de diftiller l'huile de vitriol indiquée par Glauber dans fes *Fourneaux*, *Part. II*, *pag.* 226, où il dégage le métal contenu dans le vitriol, par le moyen du zinc, & diftille enfuite ce nouveau vitriol fait avec le zinc. Cette méthode a l'avantage d'épargner le tems & le feu ; & , quoique l'on ne puiffe employer l'acide vitriolique, obtenu de cette maniere, dans les expériences qui exigent une grande exactitude, cependant on l'obtient fans peine. Chacun peut effayer, s'il eft vrai, comme Bécher le dit dans fa *Concordance*, que, par ce moyen, avec dix livres de charbon, l'on puiffe diftiller une livre d'huile (de vitriol ;) mais il faut prendre garde qu'il ne paffe à la diftillation des fleurs de zinc, qui gâteroient cette huile. Il y a des tours de mains dans toutes les opérations ; mais le bon fens fuffit pour prévenir les défauts qui peuvent venir de trop de précipitation.

E v

CHAPITRE XII.

De la Volatilisation de l'acide fixe & pesant du soufre par la combustion du soufre, & par une façon particuliere de distiller le vitriol, & de la maniere de fixer de nouveau cet acide volatil.

ON sçait à quoi s'en tenir sur le compte de l'acide qui est contenu dans le vitriol, ainsi que dans le soufre. En composant & en décomposant ces substances, & en les distillant, on trouve que cet acide est une substance saline, pesante, très - pénétrante, qui exige une chaleur considérable pour se dégager, & qui est, de tous les acides, le moins volatil. Cependant il est très-remarquable que cet acide, sans addition sensible, peut être changé en une substance très-volatile , & dans laquelle on ne trouve plus aucune fixité.

Or cela se fait simplement avec le soufre en le brûlant , & avec le vitriol , par le contact de la vapeur des charbons allumés. Quoique j'aye déja donné ce procédé dans mes *Opuscules chymiques*, je crois devoir le répéter ici.

Je prends quelques-uns des plus petits creusets des orfévres : je les remplis un peu plus d'à moitié de soufre pulvérisé ; je place au milieu une méche formée par deux fils soufrés , soutenus par un fil de laiton , qui ne s'éleve qu'autant qu'il est nécessaire pour donner une flamme du volume d'une lentille : je mets quelques-uns de ces creusets à côté les uns des autres , & je place au-dessus des aludels garnis de morceaux de linge bien nets , qui ont été trempés dans une forte solution d'alkali ; de maniere que la vapeur soit forcée d'y passer , & ne trouve au dernier aludel qu'autant d'ouverture qu'il en faut pour qu'il produise un courant d'air suffisant pour empêcher la méche de s'éteindre. De cette maniere , la vapeur subtile , qui part du

foufre , s'unit avec l'alkali. Il eſt ſur-
prenant de voir la quantité qui en eſt
ſaturée, & qui , ſur le champ , ſe ſéche,
& devient inſipide ,   ne conſervant
qu'un goût déſagréable , qui eſt dû au
ſoufre corporel qui s'y joint extérieu-
rement , & qui ſe perd , lorſqu'on diſtille pour en ſéparer l'acide. Lorſqu'on
a amaſſé une quantité de cet eſprit volatil ainſi combiné , on peut détacher
le ſel , qu'il a formé avec l'alkali , des
morceaux de linge , en les lavant avec
de l'eau pure ;   & l'on peut faire enſuite évaporer cette diſſolution juſqu'à ſiccité.

Si l'on met ce ſel dans un matras ,
& qu'on y verſe un peu d'acide vitriolique , l'eſprit volatil ſe dégage ſur
le champ , parce qu'alors l'acide vitriolique s'unit avec l'alkali ,   & en
chaſſe l'acide volatil. Chacun verra
par là comment il faut s'y prendre pour
diſtiller cet eſprit ſi volatil. La chaleur de l'eau tiéde eſt déja trop forte,
& ſuffit pour exciter des millions de
bulles dans le matras , qui s'élevent
fort haut. Mais comme on n'a pas beſoin de vaiſſeaux ſort élevés pour

cette diſtillation, on n'aura qu'à cou-
per un matras peu élevé, & y plonger
la partie retranchée : en la retournant,
on y adaptera un chapiteau qui joigne
bien exaƈtement, & on le lutera avec
ſoin ; après quoi, l'on diſtillera, le
plus doucement qu'il ſera poſſible. L'on
ne met le morceau du matras retran-
ché que pour empêcher que les gouttes, produites par les bulles, n'entrent dans le chapiteau. Si l'on diſtille
bien doucement, ce qui peut ſe faire
à la lampe, on n'aura pas beſoin d'employer ce moyen, parce que de cette
maniere, la diſtillation ſera lente. Une
cucurbite élevée eſt nuiſible, parce que
l'eſprit volatil ne monte pas en droi-
ture, & parce que les vapeurs aqueuſes, au degré de chaleur qui eſt requis
pour cette opération, n'atteignent
point juſqu'au haut, mais s'attachent
à la partie froide du col de la cucurbite,
& retombent. En un mot, c'eſt à chacun
à choiſir la maniere la plus convenable de procéder.

L'acide contenu dans le vitriol ſe
volatiliſe de même, lorſqu'il s'eſt fait
au fond de la cornue, dont on ſe ſert

pour la diftillation de l'acide vitriolique
ordinaire, quelque fente ou fêlure
par laquelle la vapeur des charbons
qui l'entourent trouve un paffage,
par-là, elle rend l'acide vitriolique auffi
volatil que la fubftance inflammable,
encore incorporée avec le foufre, le
fait, en brûlant lentement.

J'ai dit ci-deffus, que cet acide, qui
par lui-même eft fixe, eft rendu tellement volatil par ce moyen, que l'on
n'y retrouve plus aucun veftige de
rien de fixe ; c'eft ce que montre,
d'une façon palpable, le foufre qui,
par ces opérations, ne donne point un
fel femblable à celui qui réfulte de la
combinaifon d'un alkali avec l'acide
vitriolique fixe.

Mais on peut démontrer que l'acide
volatil n'eft que ce même acide fixe,
divifé & atténué jufqu'à ce degré de
fubtilité, puifque, comme j'ai dit dans
le *Traité du Soufre*, on peut le remettre
dans fon premier état de fixité, en y
faifant diffoudre de la limaille de fer,
en le laiffant fe fécher de lui-même
dans un vaiffeau plat, enfuite en le
diffolvant avec du vinaigre diftillé,

avec lequel on le tient quelque tems en digestion, & enfin en distillant douce-ment le tout jusqu'à la moitié ou jus-qu'au tiers. Alors on voit qu'il s'est formé de nouveau un vitriol martial, & que, par conséquent, cet esprit, qui étoit si volatil, est redevenu fixe & grossier.

Chacun pourra examiner ce que le vinaigre distillé fait dans ce procédé.

Au reste, dans l'opération par la-quelle on volatilise cet acide, il est tel-lement altéré, que, lorsqu'après avoir été combiné avec un sel alkali, on le traite avec du charbon, il ne fait point de soufre comme l'acide fixe & gros-sier; ce qui mérite d'être observé, vu que l'on pourroit conjecturer que, par cette *subtilisation*, cet acide de-vroit être rendu plus propre à former des combinaisons : du moins faut-il conclure que la combinaison du soufre n'est pas une combinaison très-intime, puisqu'il est si aisé de la rompre & de l'altérer.

J'ai déja fait mention, dans le Traité du Soufre, de la remarque de Glauber sur la destruction partielle,

finon totale , de cet acide vitriolique
auffi-bien que de celui du nître dans
l'inflammation de la poudre à canon,
& ces deux phénomenes mériteroient
bien d'être confidérés avec plus de foin.
Il faudroit fur-tout faire enforte que
la vapeur , qui fe dégage & s'éleve
ne fût pas rendue impure par la furabondance du charbon que l'on fait
entrer dans la compofition de la poudre ; inconvénient auquel on peut re-
médier , en humectant legérement la
poudre , afin qu'elle ne s'écarte point.
Il eft certain que cette expérience mérite qu'on la pouffe plus loin , fur-tout
à caufe des deux efpeces de fels volatils , qui en réfultent. Mais peut-
être aurons-nous occafion de revenir
fur ce fujet , en parlant des fels volatils.

Quant à préfent je crois devoir avertir , au fujet de la deftruction ou de la
grande altération que fubit l'acide fulfureux , 1° qu'il eft bon de faire cette
expérience , de maniere à avoir une
affez grande quantité de cet acide pour
pouvoir l'examiner convenablement ;
2° que les fubftance falines , qui s'éle-

vent, tant dans le chapiteau que sur
les côtés de la cucurbite, doivent être
saturées, chacune à part, avec de l'alkali pur, pour connoître ce qu'elles
contiennent, tant d'acide que d'autres
sels ; 3° que la portion, qui est susceptible de se combiner avec l'alkali, doit
être promptement remise dans l'état
de soufre. Pour cet effet, il faut le mêler avec une quantité convenable de
charbon en poudre, & mettre le tout
dans un creuset luté, après quoi, on en
fera la précipitation, & l'on calculera
combien le soufre a perdu dans la premiere décomposition.

Sur quoi il faut bien observer que,
dans la proportion du poids, il y a apparence qu'il s'est à peine perdu un
trente deuxieme, & même je croirois
un cent vingt-huitieme de la matiere
inflammable.

Si l'on vouloit se servir de ce soufre
refait de nouveau, pour la composition de la poudre à canon, & pour-
suivre l'expédience jusqu'à sa destruction totale, on pourroit le faire ; mais
je n'en vois point la nécessité, puisque
l'on peut déja juger de sa proportion,

par le déchet qui s'est fait dans la premiere opération. Cependant je do
obferver que le fel fixe, qui eſt reſt
dans la cucurbite, & qui, par la fuſion
forme une maſſe rougeâtre, que l'o
nomme *foie de foufre*, doit auſſi êt
précipité par un acide, & que l'o
doit joindre le poids du foufre, que l'o
obtiendra par-là, à celui qui a ét
régénéré.

　　Au reſte, chacun s'y prendra de
maniere qu'il jugera la meilleure. Il e
ſûr que cette recherche exige de l'a
tention, ainſi que l'examen de la fub
ſtance jaune, qui s'eſt élevée vers le
côtés de la cucurbite.

　　On doit auſſi faire attention à la ma
niere indiquée par Glauber, de préc
piter le vitriol par l'eſprit d'urine, &
de tirer du précipité une huile d'u
rouge de fang, fans pourtant s'arêt
à ce qu'il dit, que cette huile eſt un
remede fou verain contre l'épilefie; car,
quoique par-là l'on ne puiſſe point fe
promettre une deſtruction intime de
l'acide vitriolique, & encore moins la
démontrer, il y a cependant une di
férence remarquable; c'eſt que l'acide

triolique, uni avec le sel d'urine, se
montre plutôt sous une forme solide
que fluide, comme le même Glauber
a fait voir dans son *Sel ammoniac secret*, & qu'on n'en tire pas ainsi sur le
champ une pareille couleur rouge, qui
passe ou qui s'éleve des safrans vitrioliques. Ainsi toutes ces choses ont encore besoin d'examen.

On a lieu d'être surpris que Kunckel
ne soit point entré dans de plus grands
détails sur cet acide vitriolique, ainsi
que sur ses préparations & changemens ; qu'il n'ait pas fait voir sa conformité complette avec l'acide du soufre, qu'il a reconnu néanmoins dans
ses premieres observations, & qu'il
ait semblé faire un secret de la maniere de tirer cet acide du vitriol, s'é-
tant contenté de dire, en quelques
endroits, qu'il passoit promptement
à la distillation. De plus il fait durer
cette distillation jusqu'à quatre semaines, & ailleurs plusieurs jours : cependant je ne vois en tout cela aucun myf-
tere.

CHAPITRE XIV.

*De l'Alun, de son Acide & de
sa Terre. De la Purification du
Vitriol, & de la Manier[e]
de faire un Vitriol martial.*

KUNCKEL nous dit que l'alu[n]
se fait avec de l'urine; mais i[l]
n'en indique ni la quantité ni la qua[li]-
lité: cependant on peut obtenir d[e]
l'alun sans aucune urine; & il y [en]
a une grande différence entre l'urin[e]
fraîche, & celle qui est à moitié o[u]
totalement putréfiée. Cependant o[n]
auroit dû faire cette distinction, vu que,
d'après cela, les chymistes ordinaire[s]
regardent le sel volatil formé par l'alu[n]
& l'alkali fixe, comme un pur sel d'u-
rine, tandis que Kunckel fait vo[ir]
que ce sel volatil est formé par la combinaison de l'acide du soufre ou du v[i]-
triol, & de l'alkali fixe; &, ainsi que

fafile Valentin, il lui attribue des effets
furprenans fur l'or. Il eût donc été à
propos de s'expliquer plus clairement.

À l'égard de l'alun, il paroît que
cette fubstance, modérément acide, &
qui est d'une confistance folide & crystalline, est dûe à une terre vifqueufe
fubtile, combinée avec l'acide fulfureux, vu que la pierre feuilletée, ou
efpece d'ardoife qui contient l'alun,
paroît être argilleufe, & fe décompofe
à l'air. De plus la craie combinée avec
le même acide forme une efpece d'a-
lun. Il y a plufieurs années que je fis
faire chez un potier de grandes allonges propres à être placées entre les
cornues & les récipiens. Mais, comme
quelques-unes de ces allonges, quoique d'une bonne argille, n'avoient pas
été bien cuites, après m'en être fervi
pour la diftillation de l'acide vitriolique, il s'étoit infinué quelque chofe
dans cette terre fpongieufe. Au bout
de quelque tems, l'allonge fe couvrit
entiérement d'un enduit blanc & co-
tonneux : elle fe feuilleta & fe décom-
pofa ; & j'en tirai un véritable alun
par le lavage.

L'opinion de ceux qui s'imaginent que le vitriol, en le faisant bouillir avec l'urine, se défait de sa partie métallique pour se changer en alun, est sans fondement. Cette opinion a constitué en des dépenses inutiles une personne du pays de Schwartzbourg, ce qui a dérangé ses affaires. Il est certain que par-là l'on n'obtient qu'un vitriol blanc, crystallisé sous la forme ordinaire, dont non-seulement les teinturiers ne peuvent se servir comme de l'alun, mais encore qu'ils ne veulent point payer comme du vitriol.

La méthode de séparer l'alun du vitriol, indiquée dans l'ouvrage publié, sous le nom de *Naxagaras*, est à la vérité, praticable; mais il ne faut pas s'attendre à une simple séparation qui ne laisse aucun soupçon d'altération: elle consiste à faire bouillir dans l'urine pure le vitriol mêlé d'alun; par-là, l'alun se dépose au fond, sous la forme d'un sable ou d'une farine, & le surplus se crystallise sous la forme du vitriol.

En distillant l'alun pour en tirer l'acide, il est utile de commencer par chauffer la cornue avec une petite flamme qui paffe par l'ouverture du cendrier : enfuite on le couvrira de charbons que l'on allumera de haut en bas. On évitera de trop remplir la cornue d'alun, & on fera enforte que le col ne tombe pas totalement en bas ; ou même on emploira une allonge. Ces précautions font néceffaires, parce que l'alun fe gonfle confidérablement, & pourroit paffer en entier dans le col de la cornue. En rediftillant, de nouveau cet alun, on obtiendra fon acide : il ne faudra point être étonné fi par cette diftillation, on trouve dans le récipient une fubftance qui reffemble à de l'alun de plume. Chacun fentira aifément que l'alun ne donne pas, à beaucoup près, tout fon acide : une grande partie refte plus fortement attaché à fa terre que l'acide du vitriol ne demeure uni avec fa partie métallique ; mais ce qu'on en peut tirer fort avec plus de facilité que du vitriol : c'eft pourquoi il y a de l'avantage à tirer cet acide de l'alun, vu que l'on a befoin de moins de feu, & que l'opération eft plus courte.

Il ne me reste plus rien à dire sur la purification du vitriol, que d'approuver la méthode de Kunckel. Cependant on peut lui opposer celle qui se fait, en mettant long-tems en digestion du vitriol pulvérisé dans un matras dont le fond soit plat, & en l'exposant au bain-marie, dont on augmentera de plus en plus la chaleur. Par-là, il se déposera une quantité considérable d'une matiere métallique grossiere, semblable à de l'ochre; mais, d'un autre côté, le vitriol ne pourra totalement se crystalliser : c'est pourquoi l'on n'aura qu'à y mettre les crystaux les plus grossiérement formés. Cette opération est plus longue & plus difficile avec le vitriol cuivreux, qu'avec le vitriol martial. L'on trouve pareillement, par la calcination au soleil, que le vitriol de cuivre contient beaucoup moins d'eau que le vitriol martial, puisque dans ce dernier, l'eau fait au moins la moitié de son poids.

Il faut remarquer sur l'alun, que, lorsqu'il a été dissous avec le vinaigre distillé, qu'après qu'on l'a retiré par la distillation, il s'est recrystallisé

de

de nouveau, il est plus disposé à se séparer de son eau, il se calcine aisément & se réduit en poudre ; l'hiver, si on le met sur un poële échauffé ; & l'été, si on l'expose aux rayons du soleil.

La même chose arrive au vitriol martial ou au vitriol de Goslar, qui, placé sur un poële, perd aisément son eau, sans que l'on ait à craindre qu'il perde son acide ou son esprit subtil, comme quelques-uns craignent qu'il ne passe par la calcination ; tandis que l'on parvient à peine à faire cette déphlegmation dans des cornues, sans courir le risque de faire casser les vaisseaux de verre, même au commencement, pour peu que l'on pousse le feu, & ceux de terre, vers la fin de l'opération, parce que le vitriol desséché se gonfle & s'attache fortement au vaisseau ; ce qui le fait briser.

Pour moi, je ne connois point, dans le vitriol ordinaire de pareil esprit dégagé & volatil : au moins est-il certain que ce n'est point celui qui a l'odeur du soufre allumé, qui ne se manifeste que lorsque les cornues sont fêlées.

F

Mais, comme cet accident arrive a[i]-
ment, lorfqu'on diſtille le phlegme [du]
vitriol, on a cru que cet eſprit [ſul]-
fureux volatil étoit dans le vitrio[l]
& paſſoit avec ſon phlegme.

Il en eſt de même de celui d[ont]
Glauber parle, Partie II, Chap. XI[II]
& encore plus Chap. IV de ſes *Fou[r]-*
neaux. On doit plutôt l'attribuer [à]
l'action du vitriol ſur les vaiſſeaux [de]
fer, qu'à ſa propre nature.

Si quelqu'un ſe flatoit de tirer [du]
vitriol un pareil eſprit ſulfureux v[o]-
latil, comme on le préſume de l'od[eur]
particuliere, quoique non ſaline [du]
phlegme, il n'aura qu'à faire calci[ner]
une quantité conſidérable de vitriol [au]
ſoleil, ou ſur un poële, & enſuite [ti]-
rer du phlegme, à l'aide duquel il fa[ſſe]
cryſtalliſer de nouveau le vitriol ca[l]-
ciné ou décompoſé; qu'il diſtille [de]
nouveau vitriol pour en tirer le phl[e]-
gme, & qu'il réitere la même choſ[e]
en y en faiſant diſſoudre de nouveau [;]
il y a toute apparence que par-là [le]
phlegme devroit être de plus en pl[us]
chargé de cet eſprit.

Il y a pluſieurs années que quel[que]

qu'un me montra une substance su-
blimée jaunâtre, qui coloroit une lame
de cuivre. Il disoit que cette substance
s'attachoit au col de la cornue, lorsqu'on
distilloit le phlegme doucement ; mais je
n'ai jamais trouvé rien de semblable.

J'oubliois presque de parler de la
maniere de faire le vitriol martial, qui
consiste à mêler de la limaille de fer
avec du soufre bien humecté. Ce mêlange, mis dans un vaisseau à long
col, s'échauffe de lui-même, au bout
de quelque tems. En le laissant refroidir, en le séchant, en le pulvé-
risant, & le faisant calciner très-
doucement, on en tire un peu plus
de vitriol qu'en faisant rougir le fer
avec le soufre. C'est à chacun à s'assurer par des expériences, si cette façon de faire du vitriol sans feu mérite tous les éloges qu'on lui a donnés, jusqu'à présent : rien ne semble les
confirmer.

Mais, comme ce n'est pas mon dessein de rapporter ici tous les procédés
pour faire du vitriol ou relatifs à lui,
je ne parlerai point du mépris que
Kunckel fait de la méthode de Basile

Valentin, qui, au contraire, est trè
vantée par l'auteur de *La sainte Véri*
hermétique ; & je ne déciderai poi
si Basile, en parlant de *ses Clefs*, a e
en vue l'antimoine, comme Kunck
le pense, ou si c'est le vitriol, comm
le prétend le dernier. Il est cependa
évident que Basile attribue de grand
vertus, dans ses Ecrits, au vitriol ;
même il dit quelque part, en parlant
l'huile tirée par la distillation du mar
qu'elle sert à faire la mercure d'an
moine : c'est ce qui fait que l'au
auteur dit que Basile dans son *Ch*
triomphant de l'Antimoine, n'a vou
parler du vitriol, que par comparaiso
Mais, comme dans tout son Livres,
prétend que Basile a eu le vitriol princ
palement pour objet, je ne me charg
point de décider cette dispute. J'ai dé
remarqué que Kunckel quelques élog
qu'il donne au vitriol, n'a pourtant p
voulu s'expliquer plus clairement qu'
disant que *l'huile du vitriol devie*
le vrai sel des métaux, ou que ce je
est contenu en lui ; à quoi, à son o
dinaire, il ajoûte *Sapienti sat*. Chac
peut travailler à expliquer cette énig

il en a le tems & les facultés. En
effet Kunckel convient qu'il n'a point
épuisé les travaux sur le vitriol, quoiqu'il avertisse qu'il y a trouvé des vérités, sans apprendre jusqu'où elles peuvent s'étendre.

J'ajoûterai encore simplement que
l'acide vitriolique, combiné avec l'alkali bouilli dans l'eau à l'air libre,
se dissipe totalement : c'est ce que paroît avoir en vue le petit Traité qui a
pour titre *Liquor Alkahest*, où il est dit
que ce sel finit par se réduire en eau
pure ; ce qui mérite des observations.

CHAPITRE XV.

De la Formation du sel nitreux.

JE ne crois pas nécessaire de répéter
ici ce que j'ai dit, dans mon Traité
du Soufre, sur l'acide du nître & sur le
sel neutre. J'ajoûterai néanmoins qu'il
paroît qu'avant que de passer dans cette
espece de sel, il a été de la nature
F iij

de l'acide du ſel marin. L'urine &
les excréments des animaux qui contribuent beaucoup à la production
du nître, contiennent viſiblement une
grande quantité de ſel marin, comme
le prouve la faculté qu'ils ont de
précipiter l'argent, le mercure & le
plomb. Ainſi chacun ſera le maître de
faire des recherches ſur ce ſel & ſur les
ſubſtances animales; qui ne contiennent
point un ſel réel, mais qui ont une
grande diſpoſition à la putréfaction. En
attendant, il eſt aiſé de voir que le ſalpêtre ſe forme le long des murs des latrines, ſur-tout quand ils ſont faits avec
des pierres peu compactes ; & l'on
voit pareillement que les murailles faites de terre glaiſe mêlée de paille,
lorſqu'elles ſont vieilles, ſe rempliſſent
de ſalpêtre par la pourriture que ſubit la paille qui eſt humectée par accident ; c'eſt ce que l'on devroit obſerver dans les couches où l'on fait
du ſalpêtre, où l'on pourroit employer
beaucoup de paille, de mauvaiſes
herbes vertes, des chardons, &c.
à l'aide deſquels on pourroit multi-
plier le ſalpêtre en bien moins de

ns, que par le simple secours de l'air.
Je connois une ville où, de tems
immémorial, on amasse les excrémens
humains dans un lieu exposé à l'air
libre. Comme les terres des environs
sont si grasses par elles-mêmes, qu'elles
n'ont pas besoin d'être beaucoup fumées, on ne s'en embarrasse point.
Mais il vaudroit bien la peine d'examiner si ces vuidanges ne seroient
point avantageuses à la génération du
salpêtre ; expérience que personne n'a
tentée jusqu'ici.

J'observerai pourtant que la meilleure terre pour le salpêtre doit être
maigre & non grasse, & glaiseuse ; &
il vaut mieux que les murs des salpêtrieres soient à l'ombre, & rompus
en travers, que droits & exposés au
soleil, tant afin que l'humidité appor-
tée par la pluie ne se desséche pas si
promptement, que pour que la pourriture se fasse doucement, & que la
substance volatile produite par la putréfaction, ne soit point évaporée par
la chaleur du soleil & puisse se convertir en salpêtre.

Il seroit encore bon d'essayer les

avantages que l'on peut tirer, pour le
salpêtre, dans les pays où il croît beaucoup de vin des lies qui restent aprè
la distillation de l'eau-de-vie ou du marc
du raisin, en les mêlant avec de la
chaux & les joignant avec les substances pourries que l'on met sur les
couches des salpêtrieres, sur-tout lorsqu'on y ajoûte de l'urine ou du jus
de fumier. Il faudroit aussi voir le
parti que l'on pourroit tirer de la
chaux mêlée avec du sel, arrosée avec
le jus de fumier, & calcinée à plusieurs reprises : cependant il y a long-
tems que Glauber a écrit sur cette
matiere.

Mais il y a de l'absurdité dans la
méthode des salpêtriers, qui, conformément à une routine qu'ils ont reçue
par tradition, stratifient ou font des
couches alternatives de leur terre de
salpêtre avec de la cendre & de la
chaux, sur-tout quand ils emploient
des cendres foiblement chargées d'alkali, ou totalement épuisées ; sur quoi
j'en ai vu qui se plaignoient de leur
peu de succès, que leur salpêtre ne
se formoit point, ou ne pouvoit se

purifier ; & ils ne sçavoient à quoi s'en
prendre. La chaux ne dispose point le
salpêtre à se crystalliser ; mais elle le
dispose uniquement à se dissoudre ; &
c'est le sel alkali fixe, qui seul lui donne
sa forme crystalline. Pareillement la
purification du salpêtre ne dépend pas
de la chaux, mais de ne point trop
se presser dans la cuisson ; car, quand
la matiere est trop épaissie, les crystaux sont petits & se confondent.

L'eau-mere, ou la liqueur épaisse,
qui reste après la crystallisation, nous
prouve cette vérité, vu que si l'on y
joint une dissolution de sel alkali, la
chaux qui s'y trouve, est précipitée en
une poudre blanche : la partie clarifiée se crystallise ; &, si elle ne donne
point des crystaux de nître, elle en
donne de sel marin.

Je n'ai pas dessein de parler des effets
medécinaux, dans ces observations
qui sont purement chymiques : cependant je vais dire quelques mots sur
les vertus que l'on attribue à certai-
nes substances dont on a méconnu
l'origine. On sçait assez les éloges que
l'on a donnés, sur-tout depuis quel-

ques années à la *magnésie blanche*,
qui, dans le vrai, n'est autre chose que
la portion de chaux qui est restée en
dissolution dans l'eau-mere. Pour en
juger, l'on n'a qu'à porter le nez sur
cette matiere, lorsqu'on la calcine doucement, & l'on reconnoîtra sensiblement dans la fumée qui en part l'esprit de nître & l'esprit de sel marin ; ou
bien on n'a qu'à la distiller, en pré-
nant garde que la matiere ne s'éleve
& ne passe dans le récipient, & qu'à
examiner les crystaux que la liqueur
passée donnera, si on lui joint de l'alkali fixe, ou bien que l'on précipite
l'eau-mere avec une solution alkaline,
de la maniere qui a été indiquée ; il
ne faudra pas beaucoup de peine pour
deviner ce que c'est que cette matiere blanche contenue dans l'eau-mere.
Il est aisé de voir par l'exemple du
phosphore de Balduinus, que ces acides, & sur-tout celui du nître, ne se
dégagent point totalement de la chaux,
soit en la faisant rougir doucement,
soit même en la calcinant fortement :
d'où l'on voit que cette substance n'a
rien de merveilleux, & que l'on pourra

ſe la procurer d'une façon courte &
 facile, en faiſant diſſoudre de la chaux
dans de l'eſprit de nître ou de ſel marin, ou dans l'un & l'autre à la fois,
& en diſtillant le mêlange autant qu'il
eſt poſſible. On nous dira peut-être
avec raiſon, que cette méthode ſeroit
trop coûteuſe ; mais de ce que l'autre
l'eſt moins, il ne s'enſuit pas que le
produit en ſoit plus précieux.

Je n'ai donc plus rien à dire ſur
la génération du nître, non plus que
ſur la diſtillation de ſes cryſtaux : je
renvoie le lecteur aux obſervations que
j'ai déja faites ſur la deſtruction de ſa
combinaiſon, en parlant de la ſubſtance
ſulfureuſe & inflammable ; & de ce
que j'ai dit à ce ſujet, ainſi que de
ce qui vient d'être dit de ſa formation,
j'en conclus qu'un mixte eſt compoſé
des ſubſtances qui ſervent à le former,
& dans leſquelles il peut être réſout par
l'analyſe.

En effet, la philoſophie moderne
a raiſon de prétendre que, dans les
corps compoſés, les parties, qui les
compoſent ſont inaltérables de leur nature, & ne ſont que fortement atta-

chées les unes aux autres , & qu'au‑
tant que dure cette combinaison, elle
ont une forme & des propriétés dif‑
férentes de celles qu'elles ont cha‑
cunes séparément , & qu'elles peuven
se séparer les unes des autres , en rai‑
son de leurs propriétés , & lorsque
l'on trouve le vrai moyen d'opére
cette séparation.

Je ne dissimulerai pourtant pas que
je trouve beaucoup plus de vraisem‑
blance dans le sentiment de Beccher,
qui dit que la substance sulfureuse est
susceptible d'une combinaison interne
métallique ; sentiment que confirment,
sur‑tout selon moi, les sublimations
rouges du mercure, ainsi que ce que
Beccher a appellé *l'ame du nître*,
(dans sa *Physique souterreine* n° 118.)
Lors même que l'on dissout du mer‑
cure dans de l'esprit de nître bien con‑
contré , si l'on déphlegme la dissolution
& qu'on la verse toute chaude sur
une grande quantité de sel marin ; ou
bien si l'on y ajoûte une poignée de
ce sel, le mercure se précipite d'un
brun rouge. Si on fait sublimer ce pré‑
cipité, d'une façon convenable, sans y

...indre d'autre métal, on trouvera ...ans le sublimé de ces raies rouges, ...ui ressemblent à celles qui, dans l'*Al-* *chymia denudata*, sont appellées *sou-* *fre métallique* ou *cinnabre métallique lunaire*. Je dis que ces expériences ...rouvent, selon moi, les effets de l'a-...de nîtreux sulfureux autant que les ...ablimations de l'*Alchymia denudata*, ...ue Kunckel a d'écrites aussi très-...dairement sous le nom de *mercure sublimé rouge*. Sans m'arrêter aux ef-...ets merveilleux qu'on leur assigne, je ...outiens qu'il y entre quelque portion ...u nître, laissant chacun le maître de ...echercher la cause de la couleur rouge ...que l'on voit dans ce sublimé, vu qu'il ...n'y entre que de l'acide nîtreux, quoi-...qu'il ne s'y dissolve plus rien, à moins ...que l'on n'en fasse de l'eau régale.

Chacun peut encore chercher com-ment entendre ce que dit l'auteur de l'*Alchymia denudata*, que l'argent ga-rantit ce soufre contre le plomb, & qu'ensuite celui-ci garantit l'argent contre l'eau-forte.

CHAPITRE XVI.

*Des Propriétés du Sel marin ; de
son origine, & de ce qui le distingue des autres Sels acides.*

ON n'a pu jusqu'à préſent rien
dire de bien aſſuré ſur la nature du ſel marin, ou ſur les propriétés par leſquelles il diffère du nître &
du vitriol. Quoique ce ſel ſe trouve
abondamment dans la mer, & tout
formé dans les entrailles de la terre,
comme on le voit par les mines de
ſel de Pologne, ſa véritable origine
& la façon dont il ſe forme n'en ſont
pas mieux connues.

Si l'on avoit pu examiner avec plus
d'attention l'eſprit qui ſe dégage du
mêlange de l'alkali fixe & du ſable,
on auroit quelqu'eſpérance de pouvoir découvrir le rapport qu'a le ſable avec l'eau de la mer ; ce qui pour-

...oit conduire sans doute à des découvertes très-étendues.

Je ne suis pas convaincu de l'avis
de Kunckel, qui croit que cet esprit
se dégage plutôt de l'alkali que du
sable ; car, comme ce mêlange fait une
véritable effervescence, & comme l'alkali diffout le sable, de la maniere la
plus parfaite, au point de le convertir en un verre transparent, je serois
tenté de croire que, dans cette péné-
tration, il se détache quelque chose du
sable que la violence du feu en fait
partir, que de l'attribuer à l'alkali.

C'est à dessein que je parle ici du
sable, vu que Glauber, dans la seconde partie de ses *Fourneaux*, rapporte, d'une façon claire, un travail sur
le sable, qui mérite attention ; tandis
que la distillation à laquelle Kunckel
propose de soumettre l'alkali, & la brique, n'est pas propre à nous faire connoître le fond de l'opération ; car il
ne s'ensuit rien de son procédé, sinon
que par ce qu'il appelle *une forte dis-*
tillation, on parvient à faire entrer en
fusion l'alkali combiné avec la portion
déliée de sable contenue dans la bri-

que; opération qui devient bien plus
claire, & palpable dans le procédé de
Glauber.

Quoi qu'il en soit, il est certain que
toutes ces expériences ne sont pas encore suffisantes pour nous faire connoître la nature de l'acide du sel marin. L'analogie, qui se trouve entre l'a-
cide du soufre ou du vitriol & celui
du sel marin, peut nous faire faire
des réflexions, vu que l'un & l'autre s'accordent à l'égard des métaux
qu'ils ne peuvent dissoudre, & que
tous deux précipitent les dissolutions
faites dans l'acide nîtreux. Cependant
il se trouve entr'eux une différence
remarquable; c'est que l'acide vitriolique attaque les alkalis avec plus de
force, & se combine plus fortement
avec eux, que l'acide du sel marin que
l'acide nitreux en dégage. Il faut encore se rappeller ici la circonstance
dont on a parlé, lorsqu'il a été question de la génération du nître; c'est
que le sel marin se convertit en nître, comme Kunckel la fait voir par
l'urine, & comme le prouvent les
murs des latrines, vu que les hom-

les confomment beaucoup de fel &
point de nître : joignez à cela que, dans
l'urine fraîche concentrée par la cuiffon, on trouve de vrais cryftaux de fel
marin, & que l'urine fraîche elle-
même, fans autre préparation, précipite
les folutions d'argent & de plomb, de
la même maniere que le fel marin.

On trouve pareillement dans l'u-
rine des animaux, beaucoup plus de
fel marin que de nître, quoique ce
foient les animaux frugivores qui produifent le falpêtre en plus grande abondance, & fur-tout les brebis dans la
nourriture defquelles on met fouvent
du fel marin.

On fçait de plus, & l'on a remarqué ci-devant, que par, des folutions
dans l'eau & des cuiffons réitérées,
le fel marin parvient à perdre fa nature faline, & devient une fubftance
femblable à de la terre. J'avouerai cependant que je n'ai pas moi-même ef-
fayé jufqu'où peut aller cette tranf-
mutation, vu que les circonftances
où je me fuis trouvé ne m'ont point
permis de tenter des travaux d'auffi
longue durée.

Je reviens donc à ce que Kunc[kel]
kel dit dans ſes Obſervations , que l'o[n]
peut tirer des métaux même , à l'aid[e]
d'un diſſolvant doux , une eſpece d[e]
ſel qui , après s'être cryſtalliſé ſous l[a]
forme d'un alun de plume , perd ſ[a]
qualité ſaline , au point de n'être plu[s]
ſoluble dans le diſſolvant précédent , n[i]
même dans les acides les plus violens ,
& que le feu le plus vif ne le chang[e]
qu'en un verre laiteux. J'ai déja fai[t]
obſerver que ces faits ſont digne[s]
d'attention ; & je réitere le même avis ,
depuis que j'ai donné mes conjecture[s]
ſur le ſable de la mer, dont j'ai di[t]
qu'il pouvoit prendre la forme de ſe[l]
& la perdre. D'un autre côté, le quart[z]
& les cryſtalliſations contribuent à l[a]
formation des métaux, ainſi que de[s]
ſoufres & des ſels, vu que je puis m'ap[-]
puyer de l'expérience qui prouve que
le ſoufre lui-même paroît ſe change[r]
en verre.

Enfin j'obſerve, en paſſant, qu'il e[st]
atrivé qu'en verſant de l'acide nî[t]reux
bien concentré ſur du ſel marin , il
nageoit à la ſurface de la liqueur diſ[-]
tillée une huile inflammable ; mais cela

arrive point, quand on fait l'expérience en petit.

Je pourrois encore dire quelque chose sur le sel marin, qui mériteroit l'attention des curieux ; mais j'ai des raisons pour différer à un autre tems.

Quant aux qualités & vertus mercurielles que Beccher attribue au sel marin, on peut consulter ses Ecrits, en observant cependant qu'il a donné peu de preuves pour appuyer son sentiment, à l'exception des idées qu'on pourroit se faire de son *soufre arsenical & mercuriel*, dont il parle à l'occasion de la *précipitation cornée* : joignez à celà qu'il attribue bien plutôt ces effets aux sels urineux volatils qu'au sel marin ; mais toutes ces idées sont trop obscures pour pouvoir en tirer des principes lumineux.

On pourroit appliquer au même sujet le sentiment de Kunckel qui dit que, dans l'esprit de sel marin, l'*acidum* & le *frigidum* se trouvent combinés. Il eût bien fait de prouver, 1° que l'acide vitriolique est le plus pur, & que les autres acides sont mêlés du *frigidum* ; 2° que ces autres acides doi-

vent être de la même nature que l'a
cide vitriolique. 3º Il eût dû montr[er]
comment on peut dégager ces acid[es]
de ce *frigidum* pour les remettre da[ns]
leur pureté. 4º Il eût dû nous appre[n]
dre comment, en joignant ce qu'il ap
pelle le *frigidum* à l'acide vitrioliq[ue]
pur, on pourroit lui donner les pr[o]
priétés de l'acide nitreux ou mari[n].
Sans ces preuves, ce qu'il avance n[e]
peut convaincre; & il ne s'en tire[ra]
point en difant que l'*acidum* & le *fri*
gidum font inféparables. Car, comm[e]
fon opinion péche contre la régle qu'[un]
être eft compofé des principes qui l[e]
conftituent & dans lefquels on pe[ut]
le décompofer, perfonne ne pourr[a]
comprendre pourquoi l'acide du f[el]
marin, & l'acide du nître font fi di[f]
férens, puifque, dans cette hypothè[fe]
ils ne différent, que par la proportio[n]
du *frigidum :* d'où l'on voit qu'il man
quera bien des chofes à ce fyftéme ju[f]
qu'à ce que quelqu'un fe donne l[a]
peine de l'éclaircir.

J'ai dit, & je le répete, que Kun[c]
kel n'a point diftingué affez clairem[ent]
la différence fpécifique de ces fels, qu[i]

pend de leur partie spiritueuse (c'est-
dire acide ;) & de plus il n'a point
parlé nettement, ni peut-être eu d'i-
dée de ce qui leur donne la forme
de crystaux, vu sur-tout que souvent
il donne pour acide ce qui est de l'alcali ; en quoi il ne s'appuie que sur
l'exemple de l'esprit (*spiritus*) qu'il ne
donne que comme une substance qui
n'est que peu, & non complettement
conforme à celui du sel marin, loin
d'être de la même nature ; mais par-là
il ne leve pas la difficulté, comme
nous aurons occasion de le faire voir
plus au long.

Cela posé, quant à l'origine du sel
marin, nous ne sçavons rien, sinon
qu'il ne se forme que dans la terre
& dans la mer, du moins en grande
quantité. Cependant il est bon de remarquer que l'urine de beaucoup d'a-
nimaux, qui ne mangent point de sel,
est non-seulement très-salée & corrosive, mais encore contient plus de
sel marin que d'aucun autre sel. En
effet on voit que l'urine des chiens,
des renards, des liévres, des la-
pins, des souris, agit fortement &

promptement fur le fer & le c[uivre.]
vre.

CHAPITRE XVII.

De la Purification & de l'Amé-lioration du Sel marin.

IL ne paroît pas néceffaire de s'ar-rêter à décrire au long la faço[n] de préparer le fel marin pour l'ufage, vu que tout le monde fçait qu'on l'ob-tient, foit par l'évaporation des eaux de la mer ou des fontaines falantes, foit en le tirant du fein de la terre, ce qui fait que la premiere efpece f[e] nomme *fel marin*; & celui de la fe-conde fe nomme *fel gemme* ou *fel fof-file*. On fçait encore que le fe[l] gemme fe trouve très-pur en Pologne, tandis que dans le Tyrol, & à Hall, il eft mêlé de terre dont on eft oblig[é] de le dégager par des folutions & de[s] cuiffons. Dans les pays chauds, et

ortugal, en Espagne, en Afrique,
n ne fait que faire évaporer à fic-
té, aux rayons du foleil, l'eau de la
mer conduite dans des réfervoirs pra-
qués dans le roc.

On peut rapporter, en faveur des
curieux, l'idée que le docteur Geb-
ard Heinfel chymifte, vouloit mettre
en pratique en Suède & en Livonie.
M'ayant entendu parler, en 1686, à
Iène, de l'évaporation des eaux, lorfqu'elles font fous la forme de glace,
il lui vint dans l'efprit de faire l'application en grand de cette expérience,
dans les pays du Nord. Pour cet effet, pendant l'hiver il voulut former de
grands réfervoirs dans lefquels il con-
duiroit l'eau de la mer ; & après qu'elle
auroit été concentrée par la gelée, il
fe propofoit de tirer, à l'aide de pom-
pes l'eau qui étoit au-deffous de la glace
& de l'évaporer à l'ordinaire par la cuiffon. Il obtint une permiffion ; mais,
comme il me le manda, les marchands
firent échouer fon entreprife. Cependant il eft aifé de fentir qu'elle étoit
appuyée fur des principes très-fûrs, vu
que la partie falée de l'eau de la mer,

étant auſſi chargée de ſel qu'il eſt p
ſible, ne peut ſe geler entièrement q
par un froid extrême.

Il eſt bon de dire quelque choſe
chambres graduées dans les ſalines,
faveur de ceux qui n'ont point été
portée de les voir. On forme un a
gard élevé, & d'environ cent pas
longueur, dont le plancher eſt couve
de fortes planches bien aſſemblées, a
de retenir l'eau ſalée, qui y tombe. O
forme à la partie ſupérieure une au
très-longue, à laquelle on attache d
cordes de paille, ou des fagots qui de
cendent juſqu'en bas; & à l'endro
où chaque corde de paille eſt attaché
l'on fait à l'auge une inciſion leger
Enſuite on fait monter l'eau ſalée,
l'aide d'une pompe. Elle coule dan
cette auge d'où elle tombe peu-à-peu
le long des cordes de paille par les i
ciſions qui ont été faites à l'auge: p
ce moyen, en tombant au travers
l'air, & ſur-tout lorſque le ve
eſt à l'eſt ou au nord, cette eau
s'évapore de façon qu'après avo
réitéré cette opération quelques fois
on peut faire bouillir avec profit le
fago

gots sur lesquels le sel s'est attaché.

Il est aisé de sentir que plus l'on est
obligé de faire bouillir l'eau salée , plus
il s'évapore de parties salines subtiles :
c'est pourquoi il est avantageux d'a-
voir des chaudieres plates & peu profondes ; & il seroit encore aisé de trouver un moyen très simple qui favori-
seroit considérablement l'évaporation.
Mais il est difficile de faire entendre
raison aux ouvriers.

Lorsque la plus grande quantité de
l'eau a été évaporée par la cuisson ,
durant laquelle on est dans l'usage de
la clarifier avec du sang de bœuf, on
diminue le feu ; par-là le sel se dépose
sous la forme de petits crystaux creux ,
& comme composés de degrés. Le
tour de main , dont j'ai parlé , contri-
bueroit beaucoup à favoriser cette opération. Mais en voilà assez là-dessus.

CHAPITRE XVIII.

Des Sels végétaux, & particu-
liérement du Vinaigre, & de ſa
Partie eſſentielle, ſçavoir ſo
Eſprit ardent, & du Tartre.

JE viens maintenant aux ſels des vé
gétaux. Dès l'entrée de cet ou
vrage, j'ai démontré, contre le ſenti
ment de Kunckel, que toutes les plante
ſur-tout avant leur maturité, donnen
des preuves indubitables d'un vrai acid
dans leurs feuilles, leurs tiges, leur
branches & leurs fruits. L'on reconnoî
cet acide au goût ; & il ſe montre dan
l'enveloppe des noiſettes, qui agace le
dents ; dans l'écorce verte du noyer
qui attaque le fer, &c. De plus, tou
les ſucs des fruits, avant d'être mûr
ſont ſenſiblement acides ; & les ci
trons, l'oſeille, &c. conſervent mêm
toujours leur acidité. Ainſi Kunckel

en niant l'existence d'un sel dans ces
substances, ne fait que nous montrer
qu'il ne regarde comme un sel, que
celui qui est concret & crystallisé ;
erreur dans laquelle il n'eût pas dû
tomber.

Ainsi, je le répete, ces substances vé-
getales sont salines, dès le commencement ; & plus elles approchent de la maturité, plus elles se trouvent combinées
avec la substance grasse, qui, en prenant
le dessus sur la partie saline, finit par
adoucir les fruits, sur-tout dans les plantes huileuses. Nous en avons la preuve
dans le sucre, dans les olives, &c.

On reconnoît assez la présence de
ces sels par leur action sur les yeux d'é-
crevisses, sur la craie, sur le fer, &c.
On reconnoît de l'acide dans le moût
des raisins non-mûrs, & encore plus
dans le vin qui s'est dégagé de sa
terre & de sa partie grasse ; & lorsque
ces substances se font encore dégagées
de nouveau, on trouve cet acide encore plus développé dans le vinaigre.
Tous ces faits prouvent clairement
que ces sels ne se produisent point à
l'aide d'un simple mouvement, mais

G ij

se manifestent, en se dégageant des
substances qui les enveloppoient &
émoussoient leur activité : ainsi ils se
font sentir par une séparation sensible.

Enfin c'est cette substance saline, qui
produit le tartre. Mais, tant qu'elle est
sous une forme fluide ; & encore plus
tant que sa partie acide demeure combinée avec une substance grasse très-déliée, ce sel est d'une nature bien différente de ce tartre qui est une terre grossiere, mêlée de parties grasses.

C'est ce que Beccher a bien remarqué dans le vin, dont il a d'abord distillé la partie spiritueuse ; aprèsquoi, il
a réduit le phlegme à la consistance du
miel : il l'a ensuite dissous de nouveau
avec l'esprit, & il a obtenu le tartre
pur, qui s'en sépare ; au lieu que, lorsque toutes ces choses sont intimement
combinées, la partie onctueuse, ainsi
que les parties salines & spiritueuses
sont étendues dans l'eau, tandis que
même sans décomposition, lorsqu'elles ne sont que confondues & brouil-
lées, on trouve un goût plus acerbe
au vin qui devient trouble & perd sa

h qualité, ce qui arrive, quand on fait bouillir du vin dans un vaisseau, sans qu'il se fasse d'évaporation, & quand ensuite on le laisse refroidir.

J'ai cité l'exemple d'une pareille séparation du tartre grossier, dans un Journal où je dis que, si l'on fait geler du vin, son eau se convertit en glace, & la vraie partie vineuse ne gele point, ou du moins ne gele point totalement. Dans cette opération, il se dépose un tartre ; mais la portion, qui est privée de l'eau superflue, se conserve ensuite plusieurs années, même dans un lieu chaud ou froid, sans s'altérer aucunement. On trouvera dans ce Journal les conjectures que j'ai faites sur quelques passages de Paracelse, ainsi que sur ce que les anciens nommoient *esprit-de-vin*.

Mais qui est-ce qui a jusqu'ici attentivement examiné la nature du vinaigre ? On se moque d'Aristote, lorsqu'il parle de son *vin putréfié* ; mais on feroit bien mieux de dire l'expression que l'on pourroit substituer à sa place ; car c'est lui faire tort que de prendre le mot de *putréfaction* dans un sens

rigoureux , puifque c'eft le vrai terme
générique pour défigner toute fermentation. Cependant ce ne feroit pas s'exprimer plus correctement que de dire
que le vin fermenté & la production du
vinaigre font une fermentation. Cette
façon de s'exprimer pourroît paffer vis-
à-vis des ignorans ; mais il faut des
connoiffances & des réflexions pour
obferver & pour diftinguer ce qui fe
paffe dans ce vin , & ce qui en réfulte.

On voit clairement que le vin , avant
de fe changer en vinaigre, devient trouble & épais ; & en même tems il fe
dépofe une fubftance vifqueufe , & il
fe forme à la furface une pellicule com-
pofée d'une matiere graffe , qui , fi on
ne la remue pour le faire précipiter,
peut entrer en putréfaction.

Pour que cette décompofition fe
faffe , il faut qu'il s'excite un mouvement interne à l'aide de la chaleur.
Par ce moyen, le vinaigre devient
plus fort & plus clair. Cette décompofition, continuée pendant quelques
femaines, le rendra plus pénétrant :
cependant il ne faut pas que la

...aleur soit assez forte pour distiller.

Souvent les femmes sçavent ce qui est ignoré de plusieurs chymistes. Plus un vin est fort & spiritueux, plus le vinaigre qu'il donne a de force ou d'acidité. Cela posé, comment se fait-il, que la partie spiritueuse empêche le vin de se changer en vinaigre, puisque plus il est spiritueux, plus le vinaigre est fort? Il y a même des gens qui conseillent d'écarter cet obstacle, & qui disent qu'il faut dégager la partie spiritueuse par l'évaporation, ou même par la distillation ; méthode par laquelle on n'obtiendra jamais que de très-mauvais vinaigre. Il y a des bonnes femmes qui agissent plus prudemment, lorsque, pendant que le vinaigre se fait : elles y joignent peu-à-peu une petite quantité de bonne eau-de-vie ; ce qui contribue à bonifier le vinaigre, lorsqu'on la joint à propos.

Cela nous prouve les fautes que l'on fait par le défaut de pratique, & lorsqu'on ne s'en rapporte qu'à des oui-dire. On a entendu dire que, pour faciliter la conversion du vin en vinaigre, il falloit le bien chauffer &

même lui faire faire un bouillon ; ma[is]
il auroit fallu leur dire en même tems[,]
que p'us cette converſion eſt prompte[,]
mieux l'opération réuſſit , mais que ſur[-]
tout il faut bien couvrir le vin pou[r]
empêcher que rien ne ſe diſſipe.

On ne peut exiger de tout le mond[e]
de connoître la vraie différence qu'[il]
y a entre une combinaiſon intime de[s]
parties du vin & leur ſimple mêlange,[&]
entre un dérangement & la ſéparatio[n]
totale.

Quant à ce que les vins les plu[s]
forts donnent le plus fort vinaigre,
celà vient de ce que l'acide groſſie[r]
qui étoit dans les raiſins , & qui, pa[r]
la ſuite, à l'aide du tems & de la cha[-]
leur, en mûriſſant, a été adouci pa[r]
les parties graſſes, & qui même, pa[r]
la combinaiſon avec une ſubſtance onc[-]
tueuſe & terreuſe , déliée, eſt devenu[e]
parfaitement doux , s'eſt enſuite, du[-]
rant la formation du vinaigre , dégag[é]
de la partie graſſe & terreuſe , & s'e[ſt]
montré de nouveau dans ſon premie[r]
état ſalin. Cependant alors la parti[e]
graſſe , ſur-tout dans la fermentation[,]
ſe convertit en une huile étendue ou

en un esprit ardent, qui ne se dégage point si totalement de l'acide,
mais qui l'adoucit ou le dulcifie, comme
on voit qu'il le fait aux acides minéraux les plus forts.

Cet esprit ardent du vin, qui, durant la formation du vinaigre, ne s'é-
toit pas très-fortement attaché avec
une substance grasse grossiere, se combine alors bien plus fortement avec
l'acide, au point de ne pouvoir point
en être dégagé par la distillation,
même par l'intermede d'aucune substance terreuse ; mais par-là-même, l'â-
preté de cet acide est affoiblie en partie, & en partie il est rendu plus subtil & plus pénétrant : d'où l'on voit
qu'il est & qu'il demeure dans le vinaigre.

Quoique les exemples, qui servent
de preuve à ces principes, appartien-
nent proprement à la zymotechnie, je
crois cependant que l'on ne sera point
fâché, si j'en parle ici. Rien n'est plus
agréable, dans la chymie sur-tout, que
de voir vérifier la régle fondamentale,
qu'un corps est composé des substances qui servent à la produire, & dans

lesquelles on peut le décomposer.
goût que j'ai senti, dès ma jeuness
pour la chymie, eût été très-satisfa
si j'eusse pu trouver des lumieres
la science de la fermentation. J'ai fa
à la vérité, quelques découvertes en
genre ; mais elles ne m'ont point a
pris la maniere de démontrer la com
binaison des choses dont les cor
sont composés, qui jusqu'ci n'a
connue de personne, elles m'ont seule
ment fait connoître leur décomposition

On sçait que le vinaigre combiné
avec le verd-de-gris ou le cuivre
quand on le distille convenablement
s'enflamme comme l'esprit-de-vin.
ne sçais qui est-ce qui a regardé ce
effet comme dû à l'esprit-de-vin d
vinaigre *qui est réveillé* ; mais je sça
très-bien les grandes vertus qu'on
attribuées à cette liqueur, que je n'ad
mets ni ne rejette, les laissant pour c
qu'elles sont.

J'observerai seulement que cette res
tauration de la substance inflamma
ble est regardée par quelques person
nes comme une chose très-singuliere,
tandis que c'est un effet naturel, &

é plutôt dûe à une nouvelle décom-
ᵖᵒſition qu'à une nouvelle produc-
ᵗ᷎ion, quoique cette derniere même
ᵉ ſoit pas entièrement impoſſible. Ce
ᵠᵘⁱ a juſqu'ici pu induire en erreur
ᵈᵃⁿs cet effet, c'eſt que, comme il
ᵉſt produit par le cuivre de la façon
ˡᵃ plus ſenſible, on a cru qu'il n'y
ᵃᵛoit que lui qui pouvoit le produire;
ᵐᵃⁱs l'expérience nous apprend que
ᵈ᷎autres métaux peuvent faire la même
ᶜʰoſe.

En effet, ſi on fait du ſucre de Sa-
ᵗ᷎urne en beaux cryſtaux, ſuivant la
méthode indiquée par Kunckel, dans
ſon *Art de la verrerie* ; ou bien, ſi, après
ᵃᵛoir déphlegmé très-doucement une
diſſolution de plomb dans le vinaigre
diſtillé, on la met à cryſtalliſer; ſi
ˡ᷎on fait enſuite évaporer lentement le
réſidu juſqu'à ſiccité, & ſi on le diſtille enſuite à feu très-doux, l'on ob-
ᵗⁱent pareillement un eſprit de-vinai-
gre qui s'enflamme; mais on n'en ob-
ᵗⁱent point une ſi grande quantité que
par le cuivre.

Mais ſi l'on mêle ce ſucre de Sa-
ᵗ᷎urne avec l'huile de vitriol ordinaire,

G vj

& qu'on distille, on aura un esprit ardent, qui ne le cédera en rien à celu
que l'on tire du cuivre. On peut faire
la même chose avec le *sucre du se*.
Toutes ces expériences nous prouver
que l'esprit ardent, contenu dans le vinaigre, se dégage de nouveau.

Mais, comme dans ce procédé i
faut employer un bon vinaigre distillé,
sans vouloir déprimer celle que Kunckel indique, je vais néanmoins donner une méthode plus facile, & qu
empêche que ce vinaigre n'ait une
odeur empyreumatique, ainsi qu'une
façon de dégager l'acide de ce vinaigre de son eau superflue.

Ma maniere de distiller le vinaigre
consiste à me servir d'un matras d'é-
tain, auquel j'adapte un chapiteau de
verre, que je mets au bain-marie,
en donnant un feu très-doux d'abord,
& en finissant toujours par le faire
bouillir. De cette façon j'ai tout ce
qui peut passer à la distillation; mais
l'acide du vinaigre est foible, à cause
de la quantité de phlegme dans lequel
il est étendu.

Mais, pour concentrer cet acide, je

me sers de deux moyens, dont j'ai déja indiqué l'un dans mon *Opuscule*; pour l'autre, je ne l'ai point encore expliqué nulle part. Le premier consiste à faire geler la partie aqueuse, soit du vinaigre fort & ordinaire, qui, distillé ensuite, donne un acide très-concentré, soit en faisant geler le vinaigre déja distillé : par-là l'on a un acide du vinaigre, qui ne le céde guères à celui qui a été tiré du verd-de-gris ; mais il n'a pas la propriété de s'enflammer.

L'autre moyen consiste à saturer le vinaigre distillé avec de l'alkali fixe bien pur, à faire évaporer la combinaison, à un feu très-doux, sur un plat d'étain bien net, jusqu'à la consistance du miel ou du syrop ; à y mettre pour lors autant d'huile de vitriol qu'il en faut pour saturer l'alkali, & à distiller le tout convenablement : par-là, l'on obtiendra un acide du vinaigre, tel qu'on n'en a guères vu.

Lorsqu'on aura besoin de vinaigre distillé, dans quelque opération, on trouvera, dans ces différentes especes, de quoi choisir pour l'usage que l'on voudra en faire.

Cependant il reste encore une portion grossiere d'acide dans la partie du
vinaigre qui reste ; mais il est très-affoibli , lorsqu'on le distille à un feu qui
fait rougir les vaisseaux , comme nous
le ferons remarquer en parlant du tartre ; au lieu qu'en distillant le sucre de
Saturne, on obtient sur la fin, des gouttes
d'un acide pesant , rouge & très-concentré , qui le cédent peu en force à l'a-
cide du vitriol foible , quoique le plomb
ait un peu altéré cet acide. En voilà
assez sur l'acide du vinaigre.

Le tartre est une substance dont jusqu'ici l'on ne nous a donné que des
idées imparfaites : cependant, avant que
d'en parler pour complétter mes preuves , je veux faire voir clairement par
l'expérience, que l'esprit ardent entre
dans la combinaison du vinaigre & en
fait une partie essentielle ; preuves qui
n'ont encore été imaginées par personne.

Si l'on humecte des feuilles de rose
récemment cueillies avec du bon esprit-de-vin , & qu'on les conserve dans
un matras de verre ; ou bien , si l'on exprime leur suc avec une quantité con-

enable de cet esprit-de-vin ; ou en-
ore, si on arrose abondamment des
eurs de muguet bien remplies de suc
vec cet esprit-de-vin, & si on les con-
erve dans un vaisseau de verre que
on secoue très-souvent, il se formera
ans ces mêlanges, au bout d'un cer-
ain tems, un acide du vinaigre dans
equel on ne trouvera plus que peu ou
oint d'esprit ardent.

Ou pour rendre la chose plus claire,
que l'on prenne, par exemple, une
pinte de jus de citron bien pur ; que
l'on y dissolve autant d'yeux d'écrevisses qu'il pourra s'y en dissoudre ;
que l'on décante ensuite la partie claire
qui surnagera, après l'avoir laissé dépo-
ser pendant une nuit ; que l'on y joigne de l'esprit-de-vin bien rectifié, ou
bien une quantité double d'esprit-de-
vin plus ordinaire ; que l'on mette le
tout dans un vaisseau assez grand pour
qu'un huitieme demeure vuide, &
qu'on le couvre avec un papier mis en
double, il se déposera une matiere
blanche au fond du vaisseau, & on
laissera le mélange en repos, sans décanter, pour voir s'il ne se déposera

rien de plus. Suivant que l'esprit-de-
vin aura été plus ou moins bon, cette
liqueur, qui étoit devenue insipide, produira de nouveau du vinaigre, ou une
espece de liqueur vineuse. Au moyen
d'une fermentation lente, en lui appliquant une chaleur convenable, comme
au vin ordinaire, dont on veut faire du
vinaigre ; elle produira un véritable vinaigre. Mais, s'il y a eu moins d'esprit-
de-vin, ce vinaigre, quoique plus foible,
n'en sera pas moins véritable. Cependant, dans l'un & l'autre cas, on ne
retrouvera pas le moindre vestige d'esprit-de-vin.

Ces preuves sont sans-doute suffisantes pour faire connoître la fermentation vineuse & acéteuse, je les dois
au tems & aux dépenses que j'ai faites ; mais ma curiosité l'a emporté sur
ces considérations.

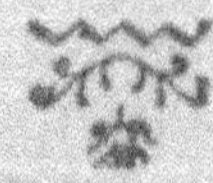

CHAPITRE XIX.

De l'Origine & des Principes du Tartre.

LA formation du tartre est très-digne de mes recherches. Lorsque le vin est renfermé dans des tonneaux de bois, il est naturel que sa partie aqueuse pénetre dans le bois ; & peu-à-peu elle s'évapore par une sorte de transpiration, qui fait diminuer le vin contenu dans le tonneau, au point d'être obligé de le remplir ; ce qui n'arrive point, lorsqu'on met le vin dans des vaisseaux d'étain, de grès ou de verre.

A mesure que cette évaporation du vin se fait dans les tonneaux, il s'y forme du tartre qui s'attache aux parois inférieures des douves, tandis que le vin, dégagé de cette partie acide & grossiere, devient plus doux & plus fort par la concentration de la partie spiritueuse.

Le tartre est visiblement une substance saline acide, comme le prouve non-seulement la saveur qu'il imprime sur la langue, mais encore son action sur les métaux, sur les terres & sur les sels alkalis. En effet il dissout la litharge, le fer, le zinc, la craie, le corail & les yeux d'écrevisses; & il se combine très-promptement avec les alkalis, tant fixes que volatils.

Cependant il est uni avec une portion de terre subtile & avec beaucoup de substance grasse, qui est la cause qui l'empêche de se combiner facilement avec l'eau, & d'y demeurer long-tems uni : c'est la même cause qui le rend sujet à la putréfaction.

Comme il est si visible que le tartre est un sel acide, on a lieu d'être surpris de voir que, par la distillation, il donne à peine le moindre vestige d'acidité; mais il est aisé d'en sentir la raison. Personne n'ignore que la graisse a le pouvoir d'émousser les substances acides & de faire disparoître leur acidité. La dulcification ou la combinai-

en des acides minéraux les plus concentrés avec l'esprit-de-vin, nous en
fournit un exemple frapant ; mais je
veux en donner un plus clair & plus
décisif. Si l'on met dans un ample matras de l'esprit de nître déphlegmé
avec un sixieme d'huile de térébenthine,
pour peu que l'on chauffe ce mélange,
il bouillone avec bruit : l'huile paroît
d'abord d'un vert très-vif ; mais, lorsqu'on la laisse reposer, elle surnage
& est d'une couleur rouge. L'acide qui
est au-dessous a beaucoup moins de
force, a un goût très-marqué de térébenthine : il est d'une consistance plus
épaisse & d'une couleur jaunâtre. Si
l'on joint la substance résineuse, qui est
à sa surface avec de la terre bolaire
ou sigillée, & qu'on la mette en distillation, on obtient une assez grande
portion d'huile, accompagnée d'un
peu de liqueur acide, dont l'odeur approche assez de celle de l'esprit du
tartre. Si l'on sature l'acide qui reste
avec du fer, en le mettant en distillation, en le déphlegmant, & en le
combinant de la façon susdite avec de
l'huile de térébenthine, on parviendra,

en réitérant l'opération, à lui ôter toute
son acidité, même sans l'intermede
d'aucune terre.

Je ne m'arrêterai point ici sur la
subſtance réſineuſe, telle qu'eſt la térébenthine & la poix. Toutes ces ſubſtances donnent un acide par la diſtillation,
comme on le voit dans la Pharmacie,
par le *ſpiritus maſtix* ; mais il faut
bien remarquer que l'acide du tartre,
qui eſt enveloppé par une graiſſe très-
déliée, & par une ſubſtance terreuſe,
finit par devenir inſenſible par la diſtillation, & par former une liqueur
amere, ſaturée par la graiſſe.

On peut voir la même choſe dans
le jus de citron, qui eſt également uni
avec beaucoup de graiſſe. C'eſt pour
cela, qu'en évaporant ſa partie aqueuſe,
il devient brun, amer & beaucoup
moins aigre qu'il n'étoit auparavant.
Mais, ſi l'on mêle ce ſuc concentré avec
du tartre, pour le mettre en diſtillation, on en tire une liqueur qui n'eſt
point acide, mais amere, ſemblable
à celle que donne le tartre.

D'après cela, chacun pourra chercher la maniere d'enlever au tartre ſa

graisse superflue, & d'en tirer un acide, soit en le faisant dissoudre avec des mé- taux ou des terres, soit avec des al- kalis fixes ou volatils, soit même avec des graisses & des huiles ; soit par la décoction qui dissipe une portion de la graisse, ce qui fait qu'il forme alors des crystaux plus gros & plus transpa- rents, soit par l'esprit-de-vin, soit enfin par le vinaigre.

Nous examinerons bientôt l'espece le sel, dans lequel le tartre se change. Nous remarquerons auparavant que l'on tire des liqueurs assez acides, mais en même tems ameres ; des bois rési- neux & compactes, même lorsqu'ils sont secs, ainsi que du sucre & du miel ; ce qui vient de la partie grasse dont ils abondent.

Mais je ne veux point m'arrêter sur ces liqueurs acides, non plus que sur les acides, qui, de corrosifs qu'ils étoient, sont devenus doux, ou ont été dulcifiés. Il suffit de faire sentir, en gé- néral, que c'est la combinaison intime, qui s'est faite précédemment de la graisse avec l'acide dans le tartre, qui est cause que la liqueur qu'on en tire

par la violence du feu, ne peut pl...
être acide, mais est émoussée ou du...
cifiée. Mais nous aurons peut-être en...
core occasion de revenir là-dessus.

CHAPITRE XX.

Des Effets généraux & divers des
Acides, pour dissoudre les subs...
tances terreuses ; & Remarques
sur ces dissolutions, & particu...
lièrement sur l'esprit de nitre
volatil d'une couleur bleue...
céleste.

CONSIDERONS maintenant les
effets des acides. Le premier effet
général, qu'ils nous montrent, c'est,
lorsqu'ils sont simples & purs, de se
combiner & de s'attacher fortement
avec les substances séches; c'est ce qu'on
appelle communément *dissoudre*. Les
acides produisent cet effet, soit en général, soit avec des différences parti-

culieres. Ces différences dépendent de la façon dont ils attaquent les substances, & des circonstances qui accompagnent leur action.

En général, ces sels agissent sur les substances terreuses, la craie, le corail, les yeux d'écrevisses, les coquilles d'œufs, les os, la chaux, &c. Un fait digne de remarque, c'est que, lorsque l'on met un œil d'écrevisse entier dans un acide affoibli par un peu d'eau, la partie terreuse en est dissoute peu-à-peu, de maniere que le *gluten*, qui servoit à contenir les parties terreuses, devient presque transparent, & conserve sa forme, & par-là nous prouve que ces sortes de pierres étoient composées de terre & de ce *gluten*.

Ces acides nous montrent une différence dans la façon dont ils agissent sur les métaux. Tous attaquent, à la vérité, le zinc, le fer & le cuivre; le mercure, suivant la façon de les appliquer. Ils agissent aussi sur le plomb, l'étain, le régule d'antimoine & l'argent; mais, dans leur action sur l'or, ils montrent une grande différence.

L'acide du nitre, versé simplement

fur l'argent , le cuivre , le fer, le zinc &
le mercure & le plomb , diſſout ces
ſubſtances métalliques : il n'agit aucunement ſur l'or. Mais les différences
que cet acide montre dans ſon action ſur
les ſubſtances , conſiſtent principalement dans le plus ou le moins de promptitude avec laquelle il les attaque , &
dépendent, en partie, du poids du métal
qu'il doit diſſoudre. Le zinc , le fer , le
cuivre & l'argent ſont les ſubſtances
qu'il diſſout le plus promptement. Il
s'échauffe très-vivement , en diſſolvant
le zinc, & beaucoup moins en diſſolvant
le fer ; encore moins avec le cuivre ,
très-peu avec l'argent , & point du
tout avec le plomb & le mercure.
Lorſqu'on le verſe ſur une grande
quantité d'étain, il s'échauffe conſidérablement ; mais il ne fait que le
ronger & le réduire en une poudre
blanche : cependant il en prend une
petite portion ; & une partie de ſon
acide demeure dans cette poudre blanche. Il fait la même choſe, quoique
d'une façon moins marquée , avec le
régule d'antimoine.

C'eſt le mercure que l'acide nîtreux,
quand

Il est bon, dissout en plus grande quantité, vu qu'avec une livre de cet acide, j'ai dissous trois quarterons de mercure. Pour dissoudre l'argent, il faut environ deux parties d'acide contre une partie de ce métal. Le zinc exige plus du double de son poids. Le cuivre exige le quadruple ; le fer encore davantage : le plomb demande entre trois & quatre parties d'acide nitreux, pour être mis en dissolution.

Ces acides, tels qu'on les distille communément, sont étendus de beaucoup d'eau ; sur quoi il faut observer que l'acide nitreux, quand il est très-concentré, n'agit que difficilement sur certains métaux. Le plomb est dans ce cas. Outre cela, il produit des inconvéniens en ce qu'il s'échauffe trop vivement, se gonfle, s'évapore, &c. quand il est trop concentré.

Mais, lorsqu'on s'y prend avec précaution, on évite ces difficultés ; & l'on remarque des effets que l'on ne peut observer, lorsqu'on veut trop se presser.

La principale précaution doit être de ne point mettre une trop grande,

H

quantité d'acide pour agir sur les métaux, vu qu'en faisant dissoudre une
partie d'argent dans deux parties
d'eau forte, & en distillant ensuite
pour enlever toute l'humidité, on
trouve que la partie acide, qui reste
unie avec l'argent, fait à peine un cinquieme, &, par conséquent, que, pour
dissoudre une partie d'argent, il ne
faut pas tout-à-fait la moitié de cet
acide concentré. On peut, proportion
gardée, observer la même chose dans
les autres dissolutions métalliques.

Le tour de main de Kunckel mérite d'être remarqué. Il dit qu'on fait
dissoudre l'étain en entier dans l'acide
nitreux, lorsqu'on a la patience de le
mettre dans une très-petite quantité
de cet acide. Il faut encore observer
là-dessus, combien un pareil acide dissout de ce métal, en raison de son plus
ou moins de force. Néanmoins, en
chauffant ensuite la dissolution qui est
très-claire, elle laisse tomber la plus
grande partie de l'étain qu'elle contenoit, sous la forme d'une poudre.
Il reste encore à examiner attentivement la partie du dissolvant, qui de-

meure claire & limpide, pour voir ce qu'elle contient d'étain, ou ce qu'elle peut en dissoudre de nouveau, ou ce qu'elle a perdu de son acide avec la poudre qui est tombée. Chacun pourra s'en assurer, en observant, en même tems, si, par cette simple solution, il s'est opéré en effet une décomposition, telle que Kunckel le prétend. Ce qui vient d'être dit peut aussi s'appliquer à la dissolution du régule d'antimoine.

Pour la dissolution du mercure, il est à propos d'employer une partie d'acide nitreux contre quatre parties de mercure. Lorsque la dissolution se sera mise en petits crystaux, & que l'acide ne dissoudra plus rien, il faudra le décanter; & l'on ne remettra que très-peu de nouvel acide sur le résidu: l'on réitérera ces décantations & opérations jusqu'à ce que tout soit dissous; mais cette opération demande deux ou trois jours. Il faudra aussi que l'esprit de nître soit foible, à proportion de la quantité qu'on emploie, puisque, pour dissoudre une partie de mercure, il faut plus d'une partie & demie d'acide nîtreux.

Les diſſolutions trop vives font, que
les parties acides les plus ſubtiles ſe diſſi-
pent, à moins de courir le riſque de
de faire briſer les vaiſſeaux. Kunckel
a raiſon, dans les obſervations qu'il
fait ſur ces vapeurs ſubtiles; & Beccher avoit obſervé la même choſe dans
ſa *Concordance chymique*, où il donne
le moyen de faire paſſer ſubitement
les acides ſubtils dans les diſſolutions
auxquelles on veut les joindre; procédés qui ne ſont point à mépriſer.

Lorſqu'on verſe un peu de bonne
eau forte ſur de la limaille de fer, il
ſe fait ſur le champ une vive efferveſcence accompagnée de chaleur,
durant laquelle non-ſeulement la partie la plus ſubtile de l'eſprit de nitre
ſe diſſipe en vapeurs brunes; mais encore on voit ſe degager une fumée
blanche : par-là le fer eſt en grande
partie changé en un *crocus* très-fin,
ſur lequel l'eau forte n'a plus de priſe;
phénomene qui mérite réflexion, &
ſur lequel nous aurons encore quelque choſe à dire.

Avec quelque violence que l'eau
forte attaque le zinc, on ne voit pa

qu'il s'en éleve des vapeurs aussi abondantes que dans la dissolution du fer ,
quoique pourtant il s'excite une chaleur
plus grande. La partie subtile se dissipe
encore moins , lorsque cet acide dissout avec promtitude les terres ,
la craie, le corail, &c. Ces circonstances nous font voir que les dissolutions métalliques ont quelque chose
de particulier, qui mérite attention.
La dissipation est très-forte dans la
dissolution de l'étain & du régule d'antimoine , ainsi que dans celle du cuivre ; c'est cependant dans celle du fer
que cette dissipation est la plus marquée.

Je veux encore parler d'une expérience dans laquelle l'esprit de nître
se dissipe d'une maniere très-subtile :
j'en ai déja fait mention ; mais je
n'ai point décrit le procédé. Je
prends une livre de vitriol calciné
jusqu'à rougeur, une demi - livre de
nître bien pur, & trois onces de *ma-
gnes arsenicalis*, bien pulvérisé. Après
avoir bien mêlé ces substances , je
les fais distiller dans une cornue de
terre non lutée, à un feu libre &
modéré, après avoir mis une démie

H iij

livre ou trois quarterons d'eau dans le
récipient. L'acide paſſe ſous la forme
d'une fumée blanche, quoiqu'épaiſſe,
qui ne ſe dépoſe jamais totalement
dans l'eau du récipient, dont la partie vuide en eſt toûjours remplie;
mais la portion, qui s'eſt jointe à l'eau,
la rend d'un bleu auſſi vif que celui
des bleuets. Cette couleur demeure
dans l'acide, pourvu qu'on le conſerve dans des vaiſſeaux bien bouchés;
mais il faut les préſerver de la chaleur,
ſans quoi ils ſe briſeroient. On croira
peut-être que cette couleur eſt dûe à
l'arſenic qui y eſt corporellement combiné; mais cela n'eſt point à préſumer,
vu qu'elle eſt ſi volatil & ſujette à ſe
diſſiper que, ſi l'on verſe de cette liqueur bleue dans une ſoucoupe de
verre, en un inſtant, on voit l'acide
s'envoler en vapeurs brunes, dont l'o-
deur eſt nîtreuſe, & ce qui reſte eſt
blanc & clair comme l'eſprit de nître
ordinaire.

Kunckel, dans ſes Obſervations parle
d'une ſopération par laquelle, de l'arſenic ſimple & du nître on fait partir une vapeur brune, que l'on reçoit

dans un ballon ; en le bouchant exactement. Cette vapeur brune ou jaune
y reste toujours sans jamais se dépo-
ser. L'on peut aussi rapporter à ceci
ce qui est dit dans le *Port de Félicité*,
sur la maniere de faire passer sur le
champ un esprit pareil dans une dissolution ; mais je ne parle point ici,
des objets qu'on se propose dans cette
opération, je ne considere que l'acide
ou l'esprit volatil lui-même ; & à l'occasion de l'expérience de Kunckel avec
l'arsenic, je dirai simplement, en pas-
sant, que, si l'on met environ une once
de la liqueur bleue, dont on a parlé,
dans un matras fort ample ; si l'on
bouche exactement son ouverture
étroite, l'esprit volatil s'étendra dans
le matras vuide, & remplira sa capa-
cité ; &, après avoir laissé peu de blanc
au fond, le matras paroîtra toujours
rempli de vapeurs brunes, comme si
elles passoient à la distillation, & demeurent dans cet état.

Si aux substances, dont on se sert à
l'ordinaire pour faire l'eau forte, on
joint une partie de limaille de fer, il
s'éleve pareillement des vapeurs très-

volatiles, qui font la même caufe que les fumées violentes qui partent de la combinaifon de l'eau forte avec la limaille de fer.

Difons encore quelque chofe au fujet des expériences qui viennent d'être rapportées. Que l'on faffe diffoudre peu-à-peu de la limaille de fer dans de bonne eau-forte, en y mettant une très-petite quantité de cette limaille à la fois, tant qu'il pourra s'en diffoudre à froid : à la fin, l'on y remettra encore un peu de cette limaille pour effayer fi l'eau forte en peut encore diffoudre. Quand elle n'en diffoudra plus, ce que l'on pourra connoître, lorfqu'elle aura été fix ou huit heures en repos, l'on n'aura qu'à y mettre une bonne quantité de limaille, par exemple, une à deux onces fur une livre d'eau forte. On fecouera le mélange, & l'on obfervera s'il fe fait une nouvelle effervefcence, ou fi le mélange s'échauffe : c'eft pourquoi il faut que vaiffeau foit ample, vu que, lorfque l'eau forte eft bonne, elle pourroit fe gonfler au point de fortir. Par ce moyen, elle diffoudra encore une bonne par-

le du fer qu'elle reduira en *crocus*.
Quand le vaisseau se sera legérement
échauffé, ou sera devenu tiéde, qu'on
le mette dans un bain froid que l'on
chauffera peu-à-peu, jusqu'à ce qu'il
soit raisonnablement chaud : par-là la
dissolution deviendra d'un rouge vif ;
& il se déposera une grande quantité
de safran de Mars. Quand on l'aura
séparé par le moyen d'un philtre, l'eau
forte ne poutra plus l'attaquer ; mais ,
si on le fait digérer doucement avec
de nouvelle eau forte, pendant quelques jours, il perdra sa rougeur , &
deviendra d'un gris de cendres.

Sur quoi je fais d'abord cette réflexion, que rien n'est plus commun
que de dissoudre du fer dans l'eau
forte, si l'on va très-doucement. Elle
dissout le fer en entier, (à moins qu'il
n'y soit resté quelques écailles de la
forge ;) & la dissolution est limpide ,
sans qu'il se fasse aucun dépôt. Si
l'on y remet du fer , sur-tout en gros
morceaux, l'eau forte ne l'attaque
plus ; mais, si on l'échauffe, & que
le fer soit divisé, ou en limaille, l'eau
forte dissoudra encore une portion du

fer, mais non en entier, comme on
le voit dans l'expérience qui précede,
où l'on a employé beaucoup de fer,
& peu d'eau forte. L'on appelle des
fèces ce qui tombe au fond; mais, par
la derniere méthode tout se change en
fèces, qui ne sont plus attaquables par
l'eau forte, tandis qu'auparavant elle
a dissous le fer entier, & n'a rien laissé
tomber.

Ceci montre évidemment que l'on
ne découvre rien par des procédés
faits sans soin, & qu'il y a de l'a-
vantage à opérer avec précaution.
Nous observerons avec Beccher, que
le nom de *fèces* ne fait rien à la
chose, & qu'il faut observer si ces
matieres, que l'on nomme *hétérogènes*,
ne sont point plutôt des parties cons-
tituantes des corps; &, quand bien
même ces matieres seroient étrangeres, il faudroit examiner comment
elles ont pu se joindre avec ces corps
pour leur nuire ou pour les bonnifier.

Un chymiste attentif considérera
aussi, comment ces prétendues *fèces*
que l'eau forte détache du métal, &
qu'elle n'attaque plus, se comportent

avec d'autres diffolvans, En un mot,
je le répete, cette expérience, toute
fimple qu'elle eft, mérite beaucoup
d'attention. En effet, quelqu'un a-t-il
encore remarqué que, de cette maniere une grande quantité de fer peut
être diffoute dans une même quantité
d'eau-forte ? Cependant l'expérience
prouve, que lorfqu'on met à diffoudre
lentement un clou ordinaire à froid,
dans de l'eau forte, jufqu'à faturation, elle ne peut plus diffoudre les
morceaux de fer qu'on y remet ; & la
diffolution demeure claire, d'un jaune
rouge, fans fédiment, à l'exception
de ce qui vient des écailles de fer,
qui étoient attachées au clou. Si l'on
y met du fer, il fe paffe plufieurs
jours avant que rien ne s'en diffolve,
& à mefure que la diffolution fe fait,
il fe dépofe une poudre d'un rouge de
brique ; ce qui fe fait lentement. Si
l'on y jette une demi-dragme de nouvelle limaille de fer, la corrofion fe
fait plus promptement, ainfi que le
dépôt.

Lorfque l'on a continué de cette façon, jufqu'à ce qu'il ne fe diffolve plus

rien du tout, si l'on filtre la dissolution claire, & d'un rouge foncé, au
travers d'un morceau d'étoffe de laine,
ce qui demande quelques jours ; & si
l'on met ensuite la dissolution claire
dans un bain-marie chaud ; & , quand
elle est échauffée à pouvoir pourtant
encore la tenir dans les mains, si l'on
y remet environ une dragme de nouvelle limaille de fer, elle l'attaque de
nouveau assez vivement, & il faut de
tems en tems, remuer pour faire cesser
l'écume qui se forme à la surface ; & ,
lorsque tout est en repos, il faudra y
remettre une nouvelle dragme de limaille, & continuer ainsi le procédé.

Par ce moyen, la dissolution devient
épaisse, & se remplit d'une substance
qui ressemble à une poussiere d'un
brun rougeâtre, qui ne se dépose point,
même au bout de quelques semaines
de repos. Il faut plusieurs jours pour
la filtrer, afin de séparer ce qui est
clair de la partie qui est en pous-
fiere. Mais avec quelque soin que l'on
ait séparé la partie claire, si on la
chauffe & que l'on y remette jusqu'à
deux ou même quatre gros de limaille

de fer, en remuant le mélange, il
s'échauffe de nouveau : il se fait une
diffolution accompagnée d'effervefcence ; & le fer eft réduit en une
poudre fubtile, comme auparavant. Si,
après avoir filtré de nouveau, l'on remet encore de la limaille de fer, &
que l'on continue ainfi le même procédé, tant que la diffolution fe fait,
on obtiendra une très-grande quantité
de ce *crocus* ou *fafran de Mars*.

Dans cette opération, il faut remarquer les circonftances fuivantes ;
1° qu'à chaque nouvelle corrofion,
il fe degage une vapeur nîtreufe fubtile en affez grande abondance ; 2°
qu'à chaque fois, le mélange s'échauffe
plus qu'avant d'attaquer la limaille de
fer qu'on y remet, 3° qu'il fe fait à
chaque fois une effervefcence, & que
la matiere fe gonfle ; 4° que, tandis
que la premiere diffolution étoit d'un
rouge vif, à mefure qu'on y remet
de nouveau fer, elle devient plus
claire & plus pâle. 5° Lorfqu'on n'y
met qu'une petite quantité de fer à la
fois, ou qu'on n'y en met que des
demi-dragmes, & quand le mélange

ne travaille plus , lorſqu'on y en remet de nouveau , le ſafran de Mars
qui tombe , eſt d'un jaune très-clair ,
au lieu qu'il eſt d'un jaune plus rouge
lorſqu'on met le fer par demi-onces.
6° Que chaque fois il reſte une portion ſenſible de la limaille de fer , qui
n'eſt point rongée , & qui demeure
intacte , mais qui ne peut être diſſoute ,
ni dans la diſſolution filtrée , ni même
dans de nouvelle eau forte. 7° Cette
portion de limaille eſt plus legere que
la limaille fraîche , & par conſéquent ,
elle ſurnage à l'eau. 8° Le ſafran de
Mars eſt ſi délié & ſi leger , que quand
on veut l'édulcorer avec beaucoup
d'eau , il y demeure ſuſpendu pendant des mois entiers , ſans ſe dépoſer
entiérement , & ſans que l'eau qui ſurnage devienne parfaitement claire , &
même en la faiſant philtrer au travers
d'un philtre pyramidal, ce ſafran s'éleve
avec l'eau , de la largeur de la main.

Je laiſſe aux obſervateurs patiens
à examiner juſqu'où peut s'étendre la faculté qu'a l'eau forte de
ronger le fer : je paſſe à deux remarques , qui méritent de l'attention.

Si l'on prend un matras de verre
aſſez grand pour contenir deux livres
ou deux livres & demie d'eau forte,
de maniere pourtant qu'il reſte encore deux doigts d'eſpace vuide au-
deſſous du col ; après l'avoir rempli
juſqu'à cette hauteur, ſi l'on y met un
clou neuf du poids d'environ deux gros
pour qu'il s'y diſſolve à froid, (on
bouche ce matras de façon qu'en cas
de beſoin il ne puiſſe en ſortir qu'une
petite bulle ;) lorſque le premier clou
ſe ſera diſſous, ce qui donne une couleur legérement jaunâtre à la diſſolution, on en ajoûte un ſecond ; & plus
cette ſeconde diſſolution ſera faite lentement, plus la liqueur ſera d'une couleur verte & ſemblable à une diſſolution forte de vitriol. Si l'on y remet un troiſieme clou, la liqueur deviendra d'un vert auſſi vif qu'une
diſſolution de vitriol de cuivre. D'où
peut venir cette couleur verte ? On
apperçoit dans la partie vuide du matras une vapeur d'un brun vif &
jaune, qui reſſemble à celle qui part
de l'eſprit de nître, dont une bonne
partie reſte dans la liqueur & y a une

couleur d'un bleu tirant sur le verd,
c'est cette couleur , jointe avec la
couleur jaune du peu de fer qui s'est
dissous, qui constitue le verd. C'est
pourquoi, si l'on remplit un verre
avec cette liqueur qui paroît verte,
on voit partir à l'air libre des vapeurs
nîtreuses d'un brun jaune ; &, à mesure que ces vapeurs se dissipent , ce
qui reste dans le verre demeure d'un
rouge jaunâtre , comme les autres dissolutions du fer ; tandis que ce qui est
resté dans le matras bien bouché,
après que l'effervescence est passée,
demeure d'un couleur verte.

Beccher & Kunckel font un grand
cas de cette liqueur qui paroît bleue.
Lorsqu'elle est froide, elle n'a point
d'élasticité, pourvu qu'on la tienne bou-
chée ; car à l'air libre, elle se dissipe
bientôt. Mais, lorsqu'elle est excitée
par la chaleur, elle se dilate singuliére-
ment. C'est cette expérience que Beccher a en vue dans sa *Physique souterreine*, n° 118, & dans son *Rose-
tum*, n° 16 & 19. Kunckel appelle
cette liqueur *métallique & animée*.

Voici le second phénomene. J'ai

décanté une pareille diſſolution de
fer, après qu'elle eut dépoſé une
grande quantité de ſafran de Mars
qui étoit tombé au fond, de maniere
que je verſai d'abord la partie la plus
claire, & enſuite la partie remplie
des molécules les plus legeres : je mis
enſuite beaucoup d'eau ſur la partie la
plus épaiſſe qui étoit demeurée au
fond, mais qui ne ſe diſſolvoit plus
dans l'eau forte ; je laiſſai au mélange
quelques jours pour ſe dépoſer un
peu : je décantai pour lors la partie
ſupérieure, encore trouble, juſqu'à ce
qu'elle vînt aſſez épaiſſe. Je verſai
deſſus environ trois fois autant d'eau
qu'il pouvoit y en avoir dans le réſidu. Au bout de huit jours, il ſe fit
un dépôt ſenſible ; mais la partie ſupérieure demeura toujours fort trouble ; & au bout de quatorze jours,
le mélange commença à faire efferveſcence au point qu'en cinq ou ſix
jours l'écume s'élevoit d'un pouce.
Cette écume partoit de la limaille de
fer qui étoit tout au fond, & de là
s'élevoit en haut : elle étoit d'un noir
luiſant. Au bout de huit jours, la par-

tie fluide devint claire & limpide ; & ,
après l'avoir secouée & vuidée dans
un bocal, la liqueur redevint bientôt
claire, & il se fit un dépôt ou *crocus*,
qui n'étoit plus d'un jaune rouge,
mais d'un gris foncé; tandis que la
partie, que j'avois étendue dans beaucoup d'eau, demeura toujours trouble
& chargée de la matiere en poussiere,
sans avoir jamais pu se clarifier.

Mais je renouvelle la remarque que
ce safran de Mars ne se dissout plus
dans de nouvelle eau forte, qui au
bout d'un long tems, lui enleve cependant beaucoup de sa couleur, & le
rend d'une couleur grisâtre. De plus,
l'eau forte n'agit point sur la limaille
grossiere, qui reste. Néanmoins elle est
très-atténuée, & peut bien être com-
parée à celle qu'Isaac le Hollandois obtient par une longue réverbération ;
ou du moins elle est très-propre à
être réverbérée. Je n'en dis pas davantage, quant à présent.

Les observations suivantes me déterminent à m'arrêter encore sur ce
phénomene qui accompagne la dissolution ordinaire des métaux. Si l'on

cohobe ou remet de l'esprit de sel
marin sur de nouveau sel marin pour
en faire la distillation à feu très doux,
ce qui fait que les substances étrangeres, & sur-tout l'acide vitriolique
restent en arriere; & si dans cet esprit
de sel, on fait dissoudre, jusqu'à ce qu'il
cesse d'agir, de l'acier bien pur, tel
qu'une corde de clavecin, la dissolution, vers la fin, devient verdâtre; mais
il se dépose au fond une petite quantité d'une poudre noire & legere. Que
l'on décante la partie claire, & que
l'ont ôte la partie du fil d'acier, qui
ne s'est point dissoute; que l'on remette un peu de nouvel esprit de sel
sur la poudre noire; que l'on expose
le tout à une chaleur modérée, cette
substance se dissout, & la dissolution
devient d'un brun rougeâtre. En la
laissant en digestion pendant quelques
heures de plus, de maniere qu'elle
soit chaude comme du thé qu'on peut
boire, il tombe de nouveau une matiere legere, qui n'est plus noire, mais
d'un brun léger jaunâtre: la dissolution est d'un beau jaune. Pendant
ce tems, une portion de l'esprit de sel

s'eſt convertie en un véritable acid
nîtreux, comme le prouve ſon odeu
qui eſt ſemblable à celle de l'eau ſort
De plus, lorſque cette digeſtion a é
faite dans une petite fiole de trois o
quatre onces, fermée avec un bou
chon de Liége, ce bouchon en e
attaqué & devient jaune ; effet qu
l'eſprit de ſel ne produit jamais. S
l'on fait cette expérience en grand
de façon à obtenir beaucoup de
poudre noire ; & ſi l'on fait ce trava
avec précaution, en la mettant dan
une retorte dont le col ſoit long &
étroit, après y avoir joint de nouve
eſprit de ſel bien pur, l'on pourr
obtenir à la diſtillation cette portio
d'eſprit de ſel devenue nîtreuſe, vu
qu'elle eſt plus volatile que l'eſprit de
ſel qui reſte.

De plus, ſi l'on fait évaporer trè
doucement, juſqu'environ à la moitié
la diſſolution verdâtre du fer don
nous avons parlé ; ou ſi on la dé
phlegme à un bain-marie qui ne ſoit pa
trop chaud, juſqu'à ce point, en verſant enſuite deſſus de bonne huile de
vitriol bien rectifiée, & en laiſſant le

tout en digeſtion douce, pendant quelques heures, d'abord la diſſolution s'é-
paiſſira très-proptement, & peu-à-peu
ſe dépoſera au fond un vitriol de
Mars ; & la liqueur, qui ſurnage, ſera
claire quoique d'un rouge brun. J'ai
eſſayé de laiſſer ce mélange en digestion, pendant pluſieurs mois ; ce qui
la rendoit d'un brun ſi foncé, que, dans
un verre très-mince, on ne pouvoit
voir le ſoleil au travers, dans le tems
même le plus clair. Si l'on décante
cette liqueur pour la ſéparer du vitriol
qui s'eſt formé au-deſſous, & ſi l'on
y remet encore un peu d'huile de
vitriol, elle ne perd que très-peu de
ſa couleur ; & il ne ſe forme que
très-peu de nouveau vitriol.

Si l'on prend cette liqueur telle
qu'elle eſt, ſans y joindre de l'acide
vitriolique, & qu'on y remette de la
limaille pure ou un fil d'acier, elle
agira de nouveau ſur cette limaille ou
ce fil : elle redeviendra tout-à-fait
claire ; & enfin, après avoir été en digeſtion pendant deux jours, elle redeviendra verdâtre & elle dépoſera
de nouveau de la poudre noire.

En joignant de l'huile de vitriol à cette dissolution verte, on aura, au bout de quelque tems, du vitriol; & la liqueur, qui surnagera, sera brune.

Cette opération peut nous faire connoître ce que c'est que cette substance brune, qui reste sans pouvoir crystalliser, dans la formation spontanée du vitriol, & sur-tout dans celui que l'on tire de ce qu'on nomme *minera Martis solaris*.

De plus elle nous découvre un autre mystere que les *vitriolistes* me sçauront peut-être mauvais gré de divulguer, ou que peut-être ils ignorent eux-mêmes. Ils prétendent que, pour réussir dans leurs travaux ils ont besoin d'un vitriol natif ou formé de lui-même, auquel ils donnent une grande supériorité sur le vitriol qu'on obtient par le grillage des mines, dont ils se défient, & qu'ils regardent comme nuisible à leurs succès. Cependant, n'ayant point de vitriol natif qui puisse se former sans le secours de cette substance, ils pourront tirer tel parti qu'ils voudront de mes remarques. Je leur ai déja présenté des sujets de flexion dans mon *Traité du Soufre*, lorsque j'ai parlé de la partie du vitriol, qui crystallise & de celle qui ne crystallise point. Kunckel paroît faire plus de cas de la derniere que de la premiere, lorsqu'il parle de la purification du vitriol. Je ne tairai donc pas mon secret plus long-tems.

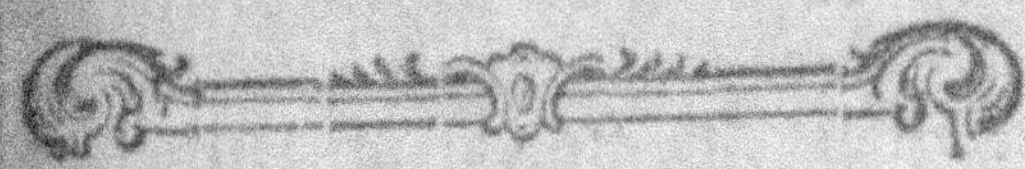

CHAPITRE XXI.

Des Substances appellées Fèces, *qui se détachent des Métaux dissous par les Acides, & autres Observations sur ces dissolutions.*

IL s'agit donc d'examiner, dans les mines de fer & de cuivre, qui sont chargées de soufre, qui est ce qui met en action la partie inflammable du soufre, au point de la dégager de son acide, & de faire qu'en sa place celui-ci se combine avec le métal, &

forme du vitriol avec lui. Cette découverte peut être, sans doute, d'une
grande utilité, & peut même jetter un
très-grand jour.

Il y a déja plusieurs années que je
me fis envoyer un demi-quintal de la
mine dont on tire les pyrites ou pierres à fusil. Dans mon absence, on
plaça cette mine auprès d'un vase
de grès qui contenoit de l'esprit de sel,
sur lequel elle étoit appuyée de façon
à toucher l'ouverture du vase. Au
bout de quelques mois, je voulus faire
briser ce morceau de mine ; mais on
trouva qu'elle étoit devenue friable &
couverte de flocons vitrioliques semblables à ceux qui se forment sur la mine
de fer de Hesse, dans la partie qui
avoit touché au vase rempli d'esprit
de sel. Là-dessus, je considérai ce
vase, & je trouvai que le bouchon
garni de poix, qui servoit à la boucher, avoit donné passage aux vapeurs qui, ayant frappé cette mine,
avoient produit l'effet en question.
Cela me détermina à mettre ce morceau de mine tout entier dans un lieu
obscur & humide, où à la longue,

il se décomposa de plus en plus, & se couvrit d'un enduit vitriolique, tandis qu'un autre morceau considérable de la même mine, placé ailleurs, ne donna aucun signe qu'il eût eprouvé du changement; & les pierres à fusil, qu'on en fit, ne se décomposerent nullement.

Je me contente d'indiquer ce fait. C'est aux chymistes éclairés à en voir l'application, & à faire des recherches pour connoître le parti que l'on peut en tirer.

Cependant je vais encore rapporter une expérience, pour faire voir la facilité avec laquelle les dissolutions les plus ordinaires produisent des substances que l'on a nommées *fèces*.

Si l'on fait dissoudre un fil, ou de la limaille de cuivre pur, dans de l'esprit de sel, la dissolution devient brune. Si la dissolution s'est faite à froid, il reste du cuivre qui n'a point été dissous : il se dépose un peu de poudre blanche. Si on laisse le tout en repos, pendant plusieurs jours, jusqu'à ce qu'on ne voie plus de cuivre superflu, & même quelque tems de plus,

la diſſolution devient d'un vert foncé
Si on la décante & qu'on y remett
de nouveau un fil de cuivre, en dor
nant une chaleur douce, & la laiſſan
en repos, pendant quelques jours, ell
redevient d'un brun foncé, & dépoſ
une poudre blanche. En laiſſant repo
ſer le tout, juſqu'à ce que le nou
veau fil de cuivre ſoit entiérement diſ
ſous, la liqueur redevient verte. Si o
la décante de nouveau, & qu'on y
remette encore du cuivre qu'on mett
en digeſtion, & qu'on réitere la mêm
opération, on trouvera que quatre on
ces d'eſprit de ſel diſſoudront un
quantité ſurprenante de cuivre, &
donneront une quantité conſidérabl
de *féces* ou de ſédiment blanc. Si l'o
ne regarde ce ſédiment que comm
une ſubſtance inutile & étrangere
comment ſe trouve-t-elle dans un mé
tail ſi pur & ſi ductile ? & qui eſt c
qui donne à la diſſolution ſa coule
brune ? Comment avec le tems de
vient-elle verte ? Comment redevien
elle brune, lorſqu'on remet de nouvea
cuivre ? & pourquoi forme-t-elle alor
un nouveau ſédiment ? toutes que

ons qui demandent à être résolues.

Pour se tirer de l'incertitude, il est
à propos d'examiner avec soin tout
ce que l'on nomme *féces*, vu que le
bon sens nous montre que ce qui se
détache des métaux, dans l'état de pureté, n'est ni inutile, ni impur, ni
étranger. Ce qui prouve encore cette
vérité, c'est que ces métaux, c'est-
à-dire le fer & cuivre, lorsqu'ils ne
se dissolvent plus à froid dans les dissolvans où on les met peu-à-peu, ne
donnent plus de sédiment. Si ces substances, qui se séparent, étoient étrangeres aux métaux, il faudroit, sans
doute, que la partie métallique, qui
reste dans le dissolvant, fût plus pure,
& différente de ce qu'elle étoit auparavant ; & il faudroit voir de quelle
nature sont les *féces* qui sont déta-
chées. Mais on ne parviendra jamais à la découverte d'aucune vérité,
si l'on s'en rapporte aveuglément aux
procédés des autres, sans examiner
par soi-même.

Je vais donc donner là-dessus
quelques observations que j'ai faites.
Les *féces* abondantes, que donne le fer

diſſous par de bonne eau forte, on
beaucoup de conformité avec le *cro-*
cus Martis per ſe : par conſéquent, elle
ne ſe diſſolvent plus, ni dans l'ea
forte, ni dans l'eſprit de nître ; ma
elles ſe diſſolvent promptement dan
de bonne eau régale, à laquelle ell
donnent une couleur auſſi belle qu
la diſſolution d'or. Si l'on précipi
cette diſſolution ſans ſels, cette m
tiere tombe, & eſt auſſi peu ſolub
dans l'eau-forte qu'auparavant ;
qui eſt très-ſingulier, puiſque c'eſt to
jours du fer, & que l'eau-forte néa
moins n'agit point ſur lui.

Les *ſèces* abondantes, que donne
cuivre dans l'eſprit de ſel, lui do
nent une couleur d'un beau ver
mais, lorſqu'on en met plus que l'e
prit de ſel n'en peut diſſoudre, qu
que long-tems qu'on les laiſſe en
geſtion, le diſſolvant ne redevi
plus brun, comme il arrivoit, au co
mencement, avec le cuivre. Lorſqu
remet dans cette diſſolution verte
nouveau cuivre, elle redevient brun
& dépoſe un ſédiment blanc en p
dre ; or cette poudre eſt encore

uivre ; cependant il ne fait plus le même effet qu'auparavant.

Cela peut fervir à éclaircir les doutes que l'on pourroit avoir fur la matiere brune, qui fe détache & qui refte, lorfqu'on fait du vitriol avec la mine de fer, & lorfqu'il fe cryftallife, & s'affurer fi c'eft un pur acide vitriolique ou autre chofe. Celui qui en fera inftruit en fera la preuve, même fur la paume de fa main ; & il verra fi cette fubftance eft un acide vitriolique ou de l'acide du fel marin. La chofe peut demeurer un fecret pour les autres, quelque fimple qu'elle foit.

Les chymiftes les plus ordinaires fçavent combien il eft difficile de féparer l'acide vitriolique pur, quand il a été combiné avec un alkali fixe : cependant on peut l'en féparer à froid, en un moment, dans le creux de la main ; ce qui eft très-avantageux dans les expériences auxquelles on veut employer un acide vitriolique très-concentré. Cette opération eft fi fimple, que tout chymifte, qui réfléchit, feroit honteux de ne s'en être pas avifé, vu que l'on fait cette opération dans

un autre travail qui est fondé sur le
même principe, qui est connu de ceux
mêmes qui sont les moins versés dans
la chymie.

Il faudra aussi examiner le cuivre
dissous dans l'esprit de nître, comme
celui qui l'a été dans l'esprit de sel
marin ; & il faudra bien se garder de
regarder comme inutile le sédiment
qu'il y dépose, sur-tout par une longue digestion. Il sera plus à propos
de considérer les changemens que su-
bit la dissolution qui leur surnage,
ainsi que dans la purification du vitriol. La substance qui ne veut plus
crystalliser, n'est point du tout à re-
jetter, vu que, je le repete, des métaux parfaits dans leur espece ne contiennent rien d'étranger.

Puisque j'en suis sur cette matiere,
je parlerai encore d'une observation
que j'ai eu occasion de faire, il y a
du tems, sur les changemens qui sur-
viennent aux dissolutions. Que l'on
mette de la limaille pure de fer, ou
des lames d'acier, ou ressorts de montre, dans une phiole de verre, qui
contienne quatre à cinq onces; que

on verse par-dessus de bon vinaigre
distillé; que l'on y ajoûte ensuite une
quantité égale à celle du fer, de morceaux de sel ammoniac; que l'on y
verse un peu de bonne eau-forte; &,
lorsqu'il ne se fera plus de dissolution
sensible, l'on y en remettra de la nouvelle, jusqu'à ce qu'il y ait le double du poids de fer. Au commencement, sans qu'il soit besoin de secouer
le mélange, la dissolution sera d'un
rouge de sang : cependant le métal
n'est nullement dissous; il n'est que
réduit en un sédiment noir. Si l'on
décante la partie rouge & transpa-
rente, que l'on remette sur le résidu un
peu de sel ammoniac de la grosseur
de graines de chénevi, que l'on verse
de nouveau vinaigre distillé, & ensuite un peu d'eau forte, qui tombe
sur le champ au fond, il ne se fera
plus de dissolution; ou du moins il
s'en faut beaucoup que le sédiment
se dissolve entièrement : d'où il paroît que, dans cette opération, le fer
est plutôt divisé que dissous. Cependant
il est bon d'observer, dans cette der-
nière expérience, que, lorsqu'on laisse

le mélange long-tems en repos, il
forme à la partie supérieure une substance qui non-seulement couvre la
liqueur, mais encore qui peu-à-peu s'é-
paissit & devient si compacte, que
l'on peut pencher le matras de côté
& d'autre, sans que cette croûte se
brise trop aisément. Chacun pourra
faire ses remarques là-dessus. On seroit fondé à présumer que c'est, en
grande partie, au vinaigre distillé qu'est
dûe la couleur rouge de la première
opération : cependant, comme cette
couleur ne se montre plus, lorsqu'on
reverse le même vinaigre sur le sédiment, cela prouve que ce vinaigre
seul n'en est pas la cause.

De plus, on a fait du vitriol martial, en combinant de l'huile de vitriol étendu dans de l'eau & de la
limaille de fer, & en faisant crystalliser ce sel. On a redissous ce vitriol
dans de l'eau, & on a fait geler cette
solution : on a séparé du fer la liqueur épaisse, qui ne s'étoit point gelée. Lorsqu'on fit dégeler très-doucement cette glace, on y trouva des
flocons d'un brun rouge, mais qui

disparurent lorsqu'on eut bien chauffé
la liqueur. La substance, qui ne s'é-
toit point gelée, a, durant quelques
semaines, déposé une assez grande
quantité d'un sédiment jaune ; & la
partie glacée quoiqu'évaporée avec
toutes les précautions, n'a plus formé
de crystaux.

On pourroit encore examiner ce
qui arriveroit, si l'on clarifioit une
pareille solution de vitriol avec du
blanc d'œufs ou de la colle de pois-
son, en la mettant ensuite à crystalliser de nouveau. Tous ceux qui operent avec attention doivent avoir de-
vant les yeux ce que Kunckel a remarqué sur la crystallisation. Il a raison d'avertir que les circonstances,
dont il parle, sont dignes de réflexion.

C'est encore le lieu d'examiner ici
la dissolution de l'étain dans l'esprit
de nître, ou dans de bonne eau forte,
dont il a déja été parlé, & que Kunckel a décrite d'une façon très-claire.
Dans cette expérience, en mettant
très-peu d'étain à la fois dans une
grande quantité d'eau-forte, ce métal s'y dissout d'abord entièrement.

Lorsque l'eau forte en est ainsi saturée
elle n'agit plus à froid sur une lam
d'étain que l'on y fait tremper ; ma
si on la chauffe, cette eau forte lai
tomber, sous la forme d'une cha
blanche, une portion de l'étain do
elle s'étoit chargée. Je ne parle poi
des remarques que Kunckel fait là
dessus : je trouve simplement à ob
server que l'esprit de nître est affe
bli par cette opération ; ce qui ne l
arriveroit point, si, comme on cr
communément, ce dissolvant ne fai
soit que ronger l'étain, sans se char
ger d'une portion de ce métal qu'
retient. Il faudroit, avant que de dé
cider, voir si cet esprit de nître, apr
avoir laissé tomber une portion de l'é
tain qu'il avoit dissous, en repren
encore de celui qu'on y remet, soit
froid, soit à chaud, & combien il e
reprend, vu qu'il est aisé de com
prendre que, si l'esprit nître n'a fai
simplement que ronger l'étain, sans e
rien dissoudre, ou & si une por
tion de ce dissolvant ne s'est poin
unie avec la poudre qui est tombée
il seroit en état d'agir de nouveau su

l'étain, & d'en ronger une grande quantité. En effet c'est ne rien dire que de
prétendre que l'acide s'émousse sur le
métal ; & il faut examiner ce qu'est devenue sa substance corrosive, soit qu'elle
soit demeurée dans la liqueur saturée
avec une portion du métal, soit qu'elle
soit unie avec la poudre tombée. On
peut, jusqu'à un certain point, s'assurer
de la vérité, en trempant & faisant
dissoudre un peu de fer dans la partie
du dissolvant qui est demeurée claire ;
mais, en faisant cet examen, il faut bien
prendre garde d'opérer avec lenteur,
comme on l'a fait entendre clairement
dans le procédé qui vient d'être décrit.

Un fait très-remarquable, c'est que
la chaux qui tombe, dans la seconde
opération, ne se dissout ni dans l'esprit de nître ni dans l'eau régale, tandis que ce dernier acide est très-propre à dissoudre l'étain ; & quand
même cette chaux contiendroit une
portion de l'acide nîtreux, cela n'em-
pêcheroit pas cette chaux de se dissoudre dans l'eau régale, dans laquelle l'acide nîtreux se trouve, &
qui néanmoins peut tenir l'étain entier

I vj

en diffolution. On voit donc claire
ment qu'il s'eft fait un changement,
foit par la préparation de quelque partie effentielle de l'étain, foit par la
jonction avec une partie effentielle de
l'acide nîtreux.

Il arrive prefque la même chofe
avec le régule d'antimoine, dont une
portion fe diffout peu-à-peu dans l'efprit de nître, quoique d'une façon
moins fenfible, & en auffi grande
quantité que l'étain : cependant il af-
foiblit pareillement cet acide. On peut,
à ce fujet, fe rappeller l'effet que l'a-
cide nîtreux produit fur le beurre d'antimoine, dont il attire & diffout la partie réguline. Il ne faut pourtant point
croire, lorfqu'on a précipité le beurre
d'antimoine par le moyen de l'efprit
de nître, que la liqueur claire, qui furnage, ne contienne plus aucune partie
du régule : on peut fe convaincre du
contraire, en enlevant cette liqueur par
la diftillation.

On voit encore un exemple d'une
diffolution, ou plutôt d'une corrofion
abondante, lorfqu'on expofe le plomb
à l'action de l'eau-forte ; ce qui fe fait

en prenant du plomb, tel que celui qu'on met aux vîtres, que l'on fait tremper, pendant quelques heures, dans de l'eau-forte que l'on chauffe douce-ment vers la fin : de cette maniere, tout le plomb se diffout lentement ; mais il tombe une grande quantité de poudre blanche au fond, dont une portion est assez legere, & une autre plus grossiere & semblable à du sa-blon ; on peut séparer ces substances par le lavage. Quand l'eau forte, à une chaleur douce, au bout d'un ou deux jours, ne paroît plus rien dissoudre, on n'aura qu'à mettre le matras dans de l'eau tiède que l'on chauffera par de-gré, jusqu'à ce qu'elle commence à bouillir : on la tiendra dans cet état jusqu'à ce que non-seulement l'eau forte n'attaque plus le plomb, mais encore jusqu'à ce qu'elle devienne d'un beau jaune. Si alors on décante ce qui est clair, que l'on verse de l'eau de pluie très-pure sur le résidu, qu'on chauffe encore pendant quelque tems, & qu'on laisse clarifier, la liqueur sera encore passablement jaune. Que l'on décante encore cette liqueur, & que

l'on remette de nouvelle eau de pluie
sur le réfidu, en faifant bouillir de nouveau, refroidir & repofer, on trouvera qu'il s'en eft encore diffous une
portion affez fenfible; & il s'en diffoudra encore, quoiqu'en beaucoup
moindre quantité, en remettant de
nouvelle eau de pluie, & en continuant le même procédé. A la fin cependant il reftera une affez grande
quantité de la fubftance blanche en
poudre, qui ne fe diffoudra plus.

S: l'on prend, parties égales, par
exemple, deux onces de la folution
jaune, de celle qui fuit & qui eft plus
pâle, ayant été faite par l'eau de
pluie, & de celle qui n'eft plus colorée; & fi l'on verfe goutte-à-goutte
une folution de fel marin faite dans
l'eau, dans chacune de ces folutions,
jufqu'à ce qu'elles ne fe troublent plus;
que l'on obferve de mettre fur chaque folution la quantité néceffaire
d'eau falée; que l'on compare enfuite
la quantité de poudre blanche donnée
par chaque folution, on verra la
preuve de ce qui a été dit, fçavoir
que la folution jaune en contenoit le

plus, & que les suivantes en contenoient encore, mais en moindre quantité.

Il faut ici faire attention que, non-seulement la solution jaune, qui contient ce qui s'est dissous en premier lieu, montre par-là qu'elle diffère des autres solutions postérieures & moins colorées ; mais encore la poudre, qui reste, donne lieu de présumer qu'elle diffère, en quelque chose, de celle qui s'est dissoute plus facilement.

On voit encore la même chose, quand on fait dissoudre du mercure dans de l'eau-forte, & quand on met peu-à-peu des lames de plomb dans la dissolution : il tombe alors une poudre grossiere comme du sable fin, tandis que le mercure se révivifie ou se remontre sous sa forme coulante ; c'est ce que quelques personnes crédules regardent comme un procédé pour faire du mercure avec du plomb.

Cependant cette poudre qui tombe, dans cette opération, ainsi que dans les précédentes, n'est qu'un amas de petits crystaux formés par la combinaison de l'acide nîtreux & des molé-

cules du plomb, qui ne font poi
folubles dans une fi petite quantit
d'eau. Il en eft de ces cryftaux à
peu-près comme du tartre qui fe di
fout dans de l'eau bien bouillante
mais qui fe dépofe en très-petits cry
taux, quand l'eau fe refroidit. En fai
fant diffoudre de l'argent ou du mer
cure dans l'eau-forte, il fe forme pa
reillement une poudre blanche, quan
on précipite la diffolution avec de
l'huile de vitriol. Ces fortes de cry
taux, à l'aide de la chaleur & d'une
quantité d'eau fuffifante, fe diffolven
de nouveau, comme Kunckel le mon
tre dans fon *Laboratoire chymique*.

Le coup d'œil fuffit pour montrer
la grande quantité de poudre pro
duite par la corrofion de l'étain &
du régule d'antimoine dans l'eau-forte
fur quoi il faut obferver que ce dif
folvant perd, en même-tems, de fa
force, & que fon acide fe trouve en
fermé dans les molécules métalliques.
Il eft aifé de s'en affurer, en faifant dif
tiller les folutions faites avec une pe
tite quantité à la fois, & en pouffant
la diftillation jufqu'à donner une rou

...eur legere au résidu, ou bien en examinant par ce même moyen la partie restée fluide à part, & en lavant le résidu sec avec de l'eau. Nous avons encore un exemple de cette forte adhésion dans ce qu'on nomme *mercure de vie* ou *poudre d'Algarotti*, qui est une poudre que l'eau précipite du beurre d'antimoine ; car, quoique cela nous montre que l'acide affoibli n'est plus en état de retenir ce qu'il avoit dissous ; & quoique, lorsqu'il est fluide, & même très-déphlegmé, il ne puisse pas dissoudre à beaucoup près une quantité suffisante de la substance réguline pour former le beurre d'antimoine, cependant il reste encore dans la poudre précipitée, même après qu'elle a été édulcorée, une portion de l'acide, qui lui est si fortement attachée, que, si on la distille à une chaleur convenable dans une petite cornue, on obtient une substance qui a de la ressemblance avec le beurre d'antimoine.

On sçait aussi que l'esprit de sel tout seul ne suffit pas pour dissoudre le mercure, de façon à former un sel concret, que l'on puisse sublimer ; au lieu que non-seulement l'acide concentré de cette substance attaque vivement le mercure par la sublimation, mais encore par la précipitation faite d'une dissolution de mercure dans l'eau-forte ; s'y attache si fortement qu'il y reste uni, même sous une forme sèche & concrète, &, dans cet état, se laisse sublimer.

Nous avons déja fait observer ci-dessus, que les acides des sels, qui n'ont point encore été affoiblis par l'eau, font présumer & montrent des effets divers, que l'on ne peut point en attendre, lorsqu'ils sont étendus dans de l'eau.

On peut encore réfléchir sur ce que l'on doit penser du phlogistique de ces métaux, dans ces opérations ; puisqu'il est certain que l'eau-forte ne dissout plus aucune vraie chaux, soit de fer, soit de cuivre, soit d'étain, soit de régule d'antimoine, lorsque la partie inflammable en a été aussi parfaitement dégagée qu'elle l'est par le moyen du nître lui-même. On devroit examiner avec plus de soin que l'on n'en apporte

communément, les effets que les autres dissolvans peuvent produire sur
les chaux dont le phlogistique a été
bien chassé par le nître; & l'on devroit voir la façon dont ils agissent,
dans quelques circonstances, sur les
chaux faites par de longues & péni-
bles réverbérations, & tâcher de connoître les changements que produisent
sur ces chaux la flamme & la suie;
je dis la flamme, par où j'entends la
matiere inflammable, portée à son plus
haut degré de subtilité & d'homogé-
néité; car, comme en pénétrant au travers des fentes qui se font aux vaisseaux distillatoires, la flamme a le pouvoir de rendre l'acide grossier & pesant
du vitriol aussi volatil que celui qu'on
obtient du soufre, en le brûlant très-
doucement, il paroît qu'elle parvient
à diviser & atténuer cet acide grossier.

On pourroit encore réfléchir à ce
qui s'est une fois passé dans une pareille distillation du vitriol, dans laquelle un morceau assez grand du ven-
tre, ou de la partie inférieure de la
cornue, s'étant détaché, l'opérateur
trouva dans le col de cette cornue

de vrais grains de vif-argent : sur quo
il y auroit encore des observations
faire sur le feu qui avoit été employé
Quoi qu'il en soit, il trouva au fond
de l'acide qui avoit passé à la disti
lation, une quantité remarquable d'une
substance blanche en poudre ; & , en
vuidant le récipient de grès, la liqueu
acide, qu'il avoit vraisemblablement
secouée, étoit devenue laiteuse & trou
ble. Cet opérateur s'est contenté de
la filtrer pour la vendre ; & , suivant
l'usage, il eut l'esprit de jetter comme
inutile ce qui étoit demeuré sur le
philtre.

Peut-être que le tems nous fera con
noître ce que l'on doit penser de ces
expériences : je ne m'y arrêterai point
quant à présent. Il y a déja vingt ans
que j'ai parlé de l'acide vitriolique
volatil ; & , trois ans auparavant, j'a
vois présenté des idées rélatives à la
fabrication du soufre. Il reste encore
à parler de l'autre espece de soufre,
qui jusqu'ici n'a été qu'une charlata-
nerie ; mais il y a peu de gens qui sça-
chent le faire, ou du moins le faire
toujours , & encore moins , qui puis-

ent dire ce qu'il eſt, & ce dont il
eſt compoſé.

CHAPITRE XXII.

Des différens degrés de force des Acides.

REVENONS à notre objet princi-
pal, qui eſt d'examiner les différens degrés d'activité des acides ſur
les différentes ſubſtances qu'ils diſſolvent. On ſçait que c'eſt avec les ſels
alkalis fixes qu'ils s'uniſſent, par préférence à toutes les autres ſubſtances,
& qu'ils reſtent le plus fortement combinés : on en a une preuve dans le
tartre vitriolé, qui eſt formé par la combinaiſon de l'acide vitriolique, ou ſulfureux, avec un alkali fixe; dans le nître, qui eſt compoſé de l'acide nîtreux
& de ce même alkali, combinaiſon
dont il réſulte un ſel neutre qui eſt,
ou le nître ordinaire, ou du moins
un ſel qui lui reſſemble en général.

Enfin, de la combinaison de l'acide du sel marin avec les alkalis fixes, il résulte un sel qui ressemble, ou qui est le même que le sel marin ordinaire, suivant la nature de l'alkali que l'on a employé pour cela.

Après les alkalis fixes, viennent les alkalis volatils, qui ont tant de disposition à s'unir avec les acides, qu'ils en dégagent aisément toutes les autres substances. C'est de ces combinaisons que résultent les sels que l'on nomme *ammoniacaux*; car, comme le sel ammoniac par excellence est composé de l'acide du sel marin & du sel urineux volatil, on a pris l'usage de nommer sels ammoniacaux tous ceux qui sont composés d'un acide & d'un sel urineux. C'est néanmoins sur quoi il y auroit plusieurs remarques à faire.

Quoi qu'il en soit, ces sels se font par la combinaison, soit de l'acide vitriolique, soit de l'acide nitreux, soit de l'acide du sel marin, soit de l'acide du vinaigre, du tartre, des citrons, &c. avec un sel urineux ou alkali volatil. Tous ces sels, à l'exception du sel ammoniac ordinaire, ont été jusqu'ici très-peu examinés.

Aux sels alkalis volatils, succedent, dans l'ordre de la dissolution par les acides, les substances terreuses, parmi lesquelles la chaux occupe le premier rang, sur-tout lorsqu'elle n'est point éteinte: ensuite viennent les coquilles d'œufs, les yeux d'écrevisse, les coquillages, & enfin la craie.

Les substances métalliques viennent après; mais elles montrent des différences marquées, qui sont dûes, soit à la diversité des acides, soit à la différente maniere dont elles en sont attaquées, soit aux différentes formes des combinaisons qui en résultent.

C'est ainsi que l'acide vitriolique, qui est très-fort, aussi-bien que les acides du vinaigre, du tartre, du citron, &c. dissolvent le zinc, & même la cadmie qui se détache des fourneaux de Goslar, & dans la composition de laquelle ce demi-métal entre.

L'acide vitriolique ensuite s'unit, par préférence au fer, & se combine promptement avec lui. C'est de cette combinaison que résulte le vitriol martial, qui forme facilement des crystaux concrets.

Ce même acide, soit étendu, soi[t]
concentré, n'attaque point facileme[nt]
le cuivre qui peut y demeurer trè[s]
long-tems, sans en être sensiblement a[t-]
taqué. D'un autre côté, cet acide ag[it]
très-promptement sur le cuivre ca[l-]
ciné ou la cendre de cuivre, & form[e]
par-là le vitriol cuivreux.

Les chymistes ordinaires s'imagi[-]
nent que cet acide vitriolique, ou su[l-]
fureux, n'agit point sur les autres m[é-]
taux; & cela est vrai, quand on ope[re]
superficiellement, comme à l'égard d[u]
cuivre entier, dont cependant, sa[ns]
l'avoir jamais éprouvé, ils nous dise[nt]
communément que l'acide vitriolique
le dissout. Cependant Digby dans s[es]
Expériences chymiques, & Kunckel
encore mieux dans son *Laboratoire*,
ont indiqué la méthode de dissoudre
à l'aide de cet acide du vitriol ou d[u]
soufre, même l'argent, l'étain, le ré[-]
gule d'antimoine, le mercure, &, bie[n]
plus, d'en obtenir des crystaux; ce qu[i]
se fait, soit à l'aide de la chaleur,
soit par de prétendues précipitations
qui se font, en versant de l'acide vi[-]
triolique dans les dissolutions de ces
substances,

bstances faites dans l'acide nîtreux,
et où elles tombent, en s'uniſſant avec
et acide vitriolique ; ce qui eſt un
our de main, qui peut être d'une
rande utilité, ſur-tout lorſqu'on ſçait
ppliquer convenablement, & avec
telligence.

L'acide nîtreux diſſout tous les mé-
aux, à l'exception de l'or, & du ré-
ule d'antimoine, quand il eſt en en-
er. On a cru juſqu'à Kunckel, qu'il
e diſſolvoit point l'étain ; mais il a
trompé là-deſſus quoique, comme
en avertit lui-même, il ne le diſ-
lve point, ni conſtamment ni tota-
ment.

Il eſt facile de remarquer les diffé-
ns effets que cet acide produit ſur
métaux, vu que leurs diſſolutions
fèrent, pour la conſiſtance, la cou-
r, la figure, &c. Combiné avec
rgent, le mercure & le plomb, il
me, en grande partie, des cryſtaux
ncrets. Avec le fer, le cuivre &
ain, il demeure d'une conſiſtance
de, & ne prend de la ſolidité que
une deſſiccation violente : il la
d même par la ſuite, vu qu'il

attire fortement l'humidité de l'air.

L'acide du sel marin agit sur les métaux, à-peu près de la même manière que l'acide vitriolique, quant à sa combinaison avec les métaux, & non quant à la façon de les attaquer, ni à la consistance qu'il prend avec eux. Cet acide dissout assez facilement le fer; & bien plus aisément que l'acide vitriolique, il dissout le cuivre & même l'étain. Il ne dissout le mercure, que difficilement; &, quand il est bien concentré; il a encore plus de peine à dissoudre le plomb & l'argent. Mais, lorsque ces derniers métaux ont été dissous dans l'acide nitreux, et y joignant l'acide du sel marin, il s'attache à eux très-promptement, & se précipite avec eux, sous la forme d'une poudre blanche. Cependant il attaque aisément l'argent & le plomb, & même le cuivre, lorsqu'après avoir été concentré dans le sublimé corrosif, il en est dégagé par la chaleur. Il a cela de particulier, que, lorsqu'il est concentré dans le sublimé corrosif, & aidé d'un degré de chaleur convenable, il dissout la partie régu-

ne de l'antimoine & l'étain , & forme
avec eux une substance semblable à du
beurre ou de l'huile gelée , qui sort
de la cornue. Avec le mercure , il
fait un sel concret , qui se sublime.

Tels sont les effets les plus connus des différens acides : sur quoi il ne
se faut point perdre de vue une observation qui a déja été faite , sçavoir
que ces acides , qui paroissent ne point
agir sur quelques métaux , agissent cependant effectivement sur eux , si on
les applique convenablement. En effet ,
quoique l'acide vitriolique , ainsi que
celui du sel marin , paroissent ne point
agir sur l'argent , sur le plomb & sur
le mercure : cependant, quand ces substances ont été dissoutes dans l'acide
nitreux , si l'on verse l'un des acides
précédens dans la dissolution , il s'attache au métal , & se précipite avec lui
sous la forme d'une poudre blanche.

Cependant il faut ici prendre garde
à une observation présentée par
Kunckel , qui , faute d'y avoir fait
attention , a pu faire faire beaucoup
d'expériences fausses , ou qui a pu
souvent causer de la perte. En effet

une portion confidérable du métal pré
cipité par l'acide vitriolique, peut ai
fément fe remettre en diffolution d
nouveau, dans la liqueur qui furnage
vu qu'en s'y prenant convenablemer
cette prétendue chaux, ou ce précipit
fe diffout parfaitement, même dai
l'eau. C'eft pourquoi, fi, dans l'idé
que la liqueur, qui furnage, eft pur
ment de l'acide nîtreux, on l'emplo
à d'autres ufages, on doit s'arrenc
à des fauffes expériences; & de plu
quand on croit édulcorer ces précip
tés, on rifque de jetter une gran
partie du métal diffous avec l'eau q
a fervi à édulcorer. C'eft-ce que Kun
kel a très-bien remarqué au fujet d
turbith minéral, dont on rifque d
jetter la moitié, fuivant la quanti
d'eau dont on fe fert pour l'édulco
rer.

La chaux d'argent précipitée pa
l'acide du fel marin, fe rediffout, quoi
qu'en petite quantité, dans la lique
qui furnage, fi on la laiffe jufqu'à c
qu'elle fe clarifie, ou même plus lon
tems, & encore plus, fi, pour acc
lérer la clarification, on la fait chauff

on pourra s'en convaincre en y faisant tremper un morceau de cuivre.

Kunckel a dit encore, si je ne me
trompe, qu'une pareille chaux d'argent, précipitée par l'acide vitriolique,
se diffout entièrement, si on la met
dans de nouvelle huile de vitriol que
on fait chauffer fortement. Cela est
d'autant plus aisé à concevoir, qu'il
apprend dans son *Laboratoire*, la maniere de diffoudre l'argent lui-même,
en entier, dans de l'huile de vitriol,
à l'aide de la chaleur. Il n'est donc
pas surprenant que la même chose
arrive à son précipité. Mais il arrive
toute autre chose, lorsqu'on fait chauffer, d'une autre façon, & sans addition,
l'argent précipité par l'acide vitriolique, conjointement avec la liqueur
qui lui surnage. Ce phenomène est
connu de ceux qui ont fait cette expérience. Cependant, comme ces faits
peuvent bien n'être pas généralement
connus, il est bon d'observer la différente force que ces acides exercent sur
les substances qu'ils attaquent tous les
trois indistinctement, comme on croit
communément, vu que, dans le vrai,

ils ne diſſolvent point indiſtinctemen
& quelques uns de ces acides agiſſ
avec bien plus de force que les autr

CHAPITRE XXIII.

Des différens degrés de force
l'Acide dans le Vitriol, da
le Nitre, & enſuite dans
Sel marin. Expériences à
ſujet.

J'AI déja parlé ailleurs de cette m
tiere ; & j'ai fait voir que, d
les ſubſtances qui peuvent être d
ſoutes par les trois acides, l'acide
triolique ſe montre le plus fort ; q
l'acide nîtreux vient enſuite, &
l'acide du ſel marin occupe le dern
rang. L'alkali fixe fournit la preuv
plus démonſtrative que l'on puiſſ
donner. En effet, ſi on ſature de
cide du ſel marin avec de l'alkal
& ſi on le fait enſuite cryſtalliſer,

obtient le sel marin régénéré. En versant dessus de bon acide nîtreux, bien
déphlegmé, & en distillant le tout
dans une cornue, on retire l'esprit
de sel accompagné d'une petite portion de ce que l'acide nîtreux avoit
de plus volatil. Il reste dans la cornue, du nître régénéré, que l'on peut
en tirer pour le dissoudre dans de
l'eau, & le faire crystalliser. Si l'on
met ce nître régénéré dans une cornue, & que l'on y joigne de bon
acide vitriolique, en donnant un degré de chaleur convenable, on obtient d'abord un phlegme, & ensuite
l'acide nîtreux. Si l'on fait dissoudre
le résidu dans de l'eau bouillante, on
aura des crystaux d'un sel formé par
la combinaison de l'acide vitriolique
& de l'alkali fixe.

D'où l'on voit clairement que l'a-
cide nîtreux a attaqué plus vivement
l'alkali qui servoit de base au sel marin, & en a dégagé l'acide ; tandis
que cet acide nîtreux est lui-même
forcé de céder la place à l'acide vitriolique, qui avec cet alkali constitue
un sel neutre nouveau.

K iv

Ces expériences font la bafe d'u[n]
grand nombre de travaux , & peu[-]
vent donner lieu a bien des déco[u-]
vertes. J'achetai un jour dans une f[a-]
meufe boutique d'apothicaire , de l'e[f-]
prit de fel qui paroiffoit très-fort [&]
très-bon. Dans deux onces de c[et]
acide , je mis de la limaille de fer
qu'il attaqua avec plus de force qu[e]
cet acide ne fait ordinairement ; [&]
la diffolution répandit une odeur fem[-]
blable à celle qui part de l'acide v[i-]
triolique , dans lequel on a mis de [la]
limaille à diffoudre : en conféquence[,]
j'y mis peu-à-peu autant de limail[le]
de fer qu'il pouvoit s'y en diffoudre[,]
& à la fin , je fis chauffer le tou[t.]
Mais , après avoir décanté la li[-]
queur claire & l'avoir laiffé refroidir[,]
il fe dépofa une fi grande quantité d[e]
cryftaux vitrioliques, que j'eus lieu d[e]
préfumer que mon prétendu efprit d[e]
fel contenoit environ un tiers d'acid[e]
vitriolique. En remontant à la fource[,]
je m'adreffai à la boutique où j'avo[is]
acheté mon efprit de fel , & l'on m[e]
dit qu'on le tenoit d'un diftillateu[r]
que l'on nomma. Celui-ci fe juft[i-]

...ia, en difant que ce n'étoit pas chez
...lui feul, que la boutique fe fournif-
...foit d'efprit de fel; que pour lui, il fai-
...foit le fien avec de la glaife ou de
...la terre bolaire, & non avec du vi-
...triol.

On voit par-là ce qu'on doit penfer
...de ceux qui achetent des acides, fur
...la bonne foi du premier venu, pour
...les ufages médicinaux, vu que l'acide
...vitriolique, en fe combinant avec les
...autres acides minéraux, qui peuvent
...être d'une grande utilité, les rend
...corrofifs & dangereux. Joignez à cela
...que ces acides ainfi mêlangés font faire
...des expériences fauffes, fur lefquelles
...on ne doit point compter, & con-
...tradictoires à celles qui auront été fai-
...tes avec des acides plus purs: je ne
...dis point ceci par conjecture; j'y
...ai fouvent été trompé, & je puis
...croire que d'autres l'ont été pareille-
...ment.

En voici un autre exemple. Kunc-
...kel nous donne un moyen de faire
...une *huile de fel* avec le fel ammoniac
...& l'huile de vitriol· mais quelque cer-
...taine que foit fon expérience, l'on ne

K v

peut douter qu'il ne soit passé à
distillation une portion de l'acide
triolique avec celui du sel marin. C
pendant, pour peu que l'on ait d'exp
rience, on pourra prévenir cet inco
vénient, ou du moins dégager e
tiérement l'esprit de sel de l'acide
triolique, qui aura pu se glisser av
lui.

Si l'on fait dissoudre du cuivre da
de bonne eau-forte; que l'on d
phlegme doucement la dissolution; qu
lorsqu'elle est encore d'une chale
modérée, on y verse de l'huile d
vitriol, proportionellement à la qua
tité du cuivre, & qu'on laisse le tou
encore quelque-tems en digestion trè
douce, & qu'à la fin on laisse refroi
dir, il se formera une grande quanti
de crystaux de vitriol cuivreux; ce
qui arrive, parce que l'acide vitrioli
que a enlevé le cuivre à l'acide ni
treux pour s'unir avec lui. La même
chose arrive, *en général*, (mot que j
dis sciemment,) avec un ou deux
échanges de semblables dissolutions.
Cependant je ne puis m'empêcher de
faire observer au lecteur, s'il est bien

...rai que le vitriol, fait de la maniere qui vient d'être décrite, ressemble parfaitement au vitriol cuivreux ordi-dinaire, ou à celui qu'on nomme *vi-triol de Chypre*.

Quoi qu'il en soit, cette expérience si simple suffit pour nous montrer le principe sur lequel se fonde l'expul-sion de l'acide nitreux & du sel ma-rin, dans la distillation de l'eau-forte, & le conseil de Ludovic qui veut qu'on mêle le sel marin avec de l'a-lun. C'est encore sur le même prin-cipe qu'est fondée la préparation du sublimé, telle qu'elle se fait à Venise, que Zwœlfer a très-bien décrite. C'est encore là-dessus que se fonde le pro-cédé pour faire le beurre d'antimoine, sans sublimé corrosif, avec le vitriol & le sel marin joints à l'antimoine & distillés ; opération dans laquelle l'alun calciné seroit encore plus utile ; ce qui donne un sublimé sulfureux d'un beau rouge, suivant les proportions que l'on aura employées, & suivant qu'on aura opéré.

Il y a long-tems que Glauber avoit fait connoître ces choses, quand il a

dit que la meilleure façon de fai[re]
ces travaux étoit de joindre simple[-]
ment de l'huile de vitriol à l'un d[e]
ces sels, & qu'il restoit dans la co[r-]
nue un sel neutre formé par le com[-]
binaison de l'acide vitriolique av[ec]
l'alkali fixe.

On peut encore se servir de cett[e]
façon d'opérer pour obtenir de la ma[-]
niere la plus courte & la plus sûre d[u]
mercure sublimé. Il est vrai qu'il se[-]
roit dispendieux de se servir d'hui[le]
de vitriol, lorsqu'on ne peut pas s'e[n]
procurer à un prix modéré. Mais [si]
l'on sçait la façon de joindre à pe[u]
de frais, l'acide vitriolique ou sulfu[-]
reux au mercure, on y mêlera en[-]
suite du sel, on fera sublimer le tout[,]
& l'on fera dispensé d'employer de[s]
matieres qui occupent bien de la place[,]
& qui si, l'on n'use de la plus grand[e]
précaution, font briser les vaisseaux[,]
& qui même, dans le résidu ou *capu[t]
mortuum*, retiennent une grande quan[-]
tité de mercure, si l'on n'a point eu l'at[-]
tention de faire bien rougir; cette mé[-]
thode fera plus simple & beaucoup
moins longue que celle que l'on suit

ordinairement, en prenant du vitriol.

Cependant je ne prétends point insinuer que le sublimé, fait à la maniere des Vénitiens, avec du vitriol,
du nître & du sel marin, sur-tout
quand il a été à plusieurs reprises bien
mêlé avec le résidu pour être sublimé
de nouveau, ou quand, suivant la méthode d'Isaac le Hollandois, on le
mêle une seconde fois avec ces sels
frais, pour le remettre en sublimation;
je ne prétends point, dis-je, qu'un
pareil sublimé soit précisément de la
même nature que celui a été fait simplement avec le vitriol.

CHAPITRE XXIV.

*De quelques Avantages du côté
de la force que le Sel marin
montre dans quelques Dissolutions, avec des Remarques sur
la maniere de séparer les Acides ; de la raison pour laquelle
les Acides attaquent diverse-
ment les différens Métaux.*

IL me reste encore à parler de quelques phénomenes qui s'écartent visiblement de ce qui a été dit sur la
force des acides. Il s'agit particulière-
ment de l'acide du sel marin, qui,
quoique plus foible que les deux autres acides, ne laisse pas d'attaquer
l'argent, le plomb & le mercure dans
les dissolutions, par préférence à l'acide
nîtreux, & même à l'acide vitriolique. En effet, quand on a fait dissou-

dre un de ces métaux dans l'un de ces acides, en mettant de l'acide marin dans la diſſolution, celui-ci s'unit au métal, & en dégage l'acide vitriolique ou nitreux. Celui qui ſçauroit s'y prendre comme il faut, pourroit encore en tirer un profit, relativement à l'acide vitriolique ; mais il faudroit, pour cela, s'arranger de maniere à n'avoir pas beſoin d'abord d'huile de vitriol ; ce qui ſera très-aiſé, ſi l'on y fait réflexion ; car, ſans cela, l'opération ſeroit & longue & compliquée.

Je ne m'arrêterai point là-deſſus. Mais j'ai déja fait ſentir ce qui méritoit réflexion dans la façon ordinaire de diſtiller ces trois acides minéraux, ſoit qu'on les diſtille ſeuls, comme on fait pour l'acide vitriolique, ſoit qu'on les diſtille avec des additions, comme on fait pour les acides du nitre & du ſel marin : ſur quoi j'ai remarqué ce qui arrive, lorſqu'on mêle le nitre ou le ſel marin avec de la glaiſe, ou même avec du ſable.

En effet, dans la glaiſe, & ſur tout dans celle qui devient rouge par la calcination, il y a quelque choſe de

vitriolique , ou même une portion d'a-
lun. Si l'on se sert de sable , il faut
que le feu soit assez fort pour que la
base alkaline de ces sels soit mise en
fusion & se combine intimement avec
le sable , & que l'acide se dégage en
même-tems. Dans cette opération ,
l'acide nîtreux , comme plus fluide &
plus leger , demande un feu moins vif
pour se dégager , que celui du sel marin , qui exige , comme on sçait , une
plus grande chaleur que le nître pour
entrer en fusion ; & l'on y parviendra difficilement à l'aide des boules
de glaise , écartées les unes des autres ,
que l'on emploie dans cette distillation. Ceux qui ont opéré par eux-mêmes , connoissent d'ailleurs les difficultés qui accompagnent la distillation
du sel marin , faite par cette méthode.

Ceci nous prouve à quel point les
idées des hommes sont sujettes à s'é-
garer. Ceux qui veulent expliquer la
raison pourquoi l'on employe de la
glaise dans la distillation de ces acides,
nous disent que c'est afin que cette
terre empêche les sels de se fondre,

& pour qu'ils demeurent écartés, afin que l'action du feu leur enleve leurs acides. Cependant il arrive tout le contraire.

En effet, que l'on considere avec quelle facilité le nître entre en fusion dans un creuset exposé à l'action du feu, avant même que ce creuset rougisse, au lieu qu'en distillant à l'aide d'une cornue avec de la glaise, jamais on ne verra passer l'acide, que lorsque la cornue sera toute rouge; & combien faut-il de tems pour en venir jusques-là ? tandis que, dans la supposition précédente, l'opération devroit se faire avec le feu le plus doux; ou du moins l'acide devroit partir avec violence, aussi-tôt que la cornue commenceroit à rougir. C'est sur quoi l'expérience suffit pour instruire; ou, à son défaut, l'on peut consulter ceux qui pratiquent journellement.

Mais ne vaudroit-il pas la peine que l'on renversât l'opération, & que l'on commençât par mettre le nître ou le sel marin dans une cornue tubulée ou qui eût une ouverture par le haut, & par faire bien entrer ces sels en fu-

sion à un degré de chaleur conven-
ble ? Alors on y mettroit peu-à-p..
de la glaise, de maniere qu'elle n..
se mît point en une masse ; & l'on o..
serveroit quand l'acide commencer..
à passer. Mais il faudroit, sur-tout po..
le sel marin, avoir attention que l..
glaise fût bien séche.

Le principe de cette opération e..
le même que celui de la distillatio..
du *liquor silicum*, que Glauber a dé..
crite clairement, par laquelle on vo..
qu'en faisant bien fondre deux ou tro..
parties de sel de tartre bien pur, ave..
une partie de cailloux pulvérisés, ..
se dégage une assez grande quanti..
d'acide. Il est vrai que Glauber l'..
vanté pour les usages médicinaux ..
d'après son penchant invincible pou..
appliquer tout à la pharmacie, & qu'i..
prétend que c'est un remede souverai..
contre la pierre, quoiqu'en le versan..
immédiatement sur une pierre, ce..
acide ne puisse la dissoudre parfaitement. Mais, comme le monde veu..
être trompé, ce prétendu secret a..
valu beaucoup d'argent à ceux qui..
l'ont débité ; & des malades eux-mê..

mes se sont crus soulagés par son secours , quoique dans le vrai, ce remede ne les ait jamais débarrassés de
leurs prieres.

Glauber eût fait plus sagement, s'il
eût cherché à découvrir à quelle espece
de sel l'en pouvoit rapporter cette liqueur acide , puisqu'il remarque lui-
même, que ce n'est ni un acide vitriolique ni un acide du sel marin. Il
a, de plus, observé très-bien, que, lorsque le mélange entre en fusion, il se
fait une véritable effervescence , semblable à celle que les acides font avec
les alkalis.

Il faudroit encore tâcher de deviner d'où peut venir cet acide , & les
circonstances qui l'accompagnent. Ce
qu'on voit de plus clair , c'est qu'en
faisant fondre un alkali avec du sable
fin , il se dégage un acide qui y étoit
renfermé ; ce qui demanderoit encore
qu'on devinât où cet acide étoit auparavant ; à plus forte raison , combien plus cet effet se produira-t-il dans
le nitre & le sel marin , qui, comme
on sçait , contiennent beaucoup d'a-
cide ?

En comparant ces faits, je cro[is]
que l'on peut en tirer une conclusio[n]
jufte, qui feroit confirmée, fi l'on v[é]
rifioit une réflexion que Glauber n[']a
point faite, mais à laquelle Kunck[el]
a très-bien fuppléé dans fes premier[es]
obfervations. Cependant il auroit bie[n]
fait, s'il avoit examiné, ou du moin[s]
s'il avoit indiqué clairement la quan[-]
tité & la qualité des mêmes ou de[s]
différens acides que donnent les diff[é-]
rentes efpeces d'alkalis dont on vo[it]
qu'il s'eft occupé avec foin. Il auro[it]
encore beaucoup mieux fait, s'il e[ût]
exactement fuivi le procédé de Glau[-]
ber, & s'il eût continué à faire l'o[pé-]
pération avec du caillou pulvérifé, o[u]
avec de la glaife : par-là il auroit e[u]
moins à fe plaindre de la petite quan[-]
tité que l'on obtient, même à gran[d]
feu ; ce qui devoit, fans doute, arri[-]
ver en fe fervant de brique en mor[-]
ceaux, vu que par-là il n'a pu fair[e]
entrer convenablement en fufion, non[-]
feulement l'alkali, mais encore la fub[-]
ftance argilleufe, qu'il y avoit ajoûtée[,]
& qu'il lui étoit plus facile de fon[-]
dre la cornue elle-même, que le mê[-]

...nge, avec un telle proportion de sel.

Quant à l'espece des sels alkalis, dont on peut se promettre d'obtenir une pareille liqueur acide, Kunckel a fait voir si clairement dans ses *observations*, que l'on peut aisément en tirer des inductions qui lui ont échappé à lui-même. Je suis fondé à dire que si l'on fait cette distillation d'une façon convenable, & en faisant simplement rougir la matiere, on trouvera encore d'autres phenoménes très-curieux, & un, ent'rautres, dont on a beaucoup parlé & dont on a été fort émerveillé, mais que l'on n'a que très-peu cherché à imiter jusqu'ici, malgré la satisfaction que l'on pourroit en retirer.

Ce qui a été dit jusqu'à présent des trois acides minéraux, & de leur comparaison, suffit pour nous montrer la difference qu'il y a à ne connoître les choses que superficiellement, & à opérer de même, ainsi que l'importance dont il est de réfléchir sur les proportions, les manipulations, & sur les causes des effets que l'on voit.

Il faut encore dire quelque chose

fur la queſtion que l'on peut faire,
pourquoi ces différens acides produi-
ſent des effets différens ſur des métaux divers, comme on le penſe ordinairement, & comme la choſe eſt
vraie en partie. Ce qui a été dit juſqu'ici peut montrer que l'idée, que
l'on ſe fait de la grande inégalité dont
différens acides agiſſent ſur les métaux
n'eſt point fondée. En effet l'on ôte
à l'acide vitriolique les facultés d'attaquer l'argent, le plomb & le mercure, tandis qu'il eſt très-viſible que
cela n'eſt point, & que cet acide ſe
combine, au contraire, ſi fortement
avec ces métaux, qu'il l'emporte, en
cela même ſur l'acide nîtreux ; &
Kunckel me paroît être le premier
qui ait fait voir qu'il opéroit ſur eux
une véritable diſſolution limpide.

Sur quoi je remarquerai, en paſſant,
que ſon procédé, quand il eſt fait convenablement, vaut mieux que celui
qu'il donne ailleurs pour diſſoudre immédiatement l'argent dans l'huile de
vitriol ; car comme il a beſoin pour
cela d'une quantité de cet acide qui
excede de beaucoup celle du poids de

'argent, son dernier procédé est préférable à l'autre, en ce que, par son moyen, il ne s'unit pas plus d'acide à l'argent que son poids n'en exige. Au reste, chacun peut juger d'après sa propre expérience. Il y a quelques années que l'on publia quelque part une expérience curieuse d'une pareille dissolution d'argent, par une quantité très-surabondante d'huile de vitriol d'après laquelle il reste encore à examiner, s'il est effectivement nécessaire d'en employer une si grande quantité ; ce qui est pourtant vraisemblable, vu que l'intermede a dû absorber une grande portion de l'acide, & a eu besoin de cette quantité pour s'étendre & s'atténuer lui-même, plutôt que pour dissoudre l'argent.

Au reste, pour connoître la quantité de l'acide vitriolique, qui s'est unie avec l'argent, on n'aura qu'à peser le précipité fait par le moyen de cet acide, après l'avoir bien séché ; & l'on sçaura combien il s'en est joint à ce métal. L'on pourroit encore conjecturer, avec assez de précision, la

quantité de cet acide, qui étoit contenue dans l'huile de vitriol, dont on
s'est servi pour précipiter l'argent;
l'on y parviendra, en examinant de
combien une once, par exemple, de
cette huile a augmenté le poids de
l'argent auquel sa partie acide s'est attaché ; mais alors il faudra avoir égard
à la portion de cet argent qui se dif-
sout de nouveau dans le fluide qui surnage, pendant que le précipité se dépose, & que la liqueur se clarifie, &
sur-tout, quand on a édulcoré. Cette
opération montrera encore des circonstances qui prouveront avec quelles précautions il faut agir, quand on
veut examiner les choses avec la derniere exactitude.

Cette opération sur l'argent présente encore un autre phenomene que
l'on n'apperçoit qu'en faisant déphlegmer d'abord doucement, & ensuite en
distillant le tout, c'est-à-dire l'eau-
forte & le précipité qui s'y est fait,
à un degré de feu convenable, & en
examinant avec attention ce qui est
ainsi passé à la distillation.

Cela nous prouve que l'acide vitriolique

riolique agit fur les mêmes métaux
que l'acide nîtreux diffout; & même
il agit d'une façon plus marquée fur
l'étain & fur le régule d'antimoine.
En procédant de la même maniere,
on trouvera la même chofe à l'égard
de l'acide du fel marin; &, quoique
la diffolution faite par cet acide ne devienne pas claire comme la précédente, cependant chacun peut effayer
l'effet que peut produire un efprit de
fel bien fait, ou, fuivant Glauber, avec
un autre efprit de fel, qui demande
à être examiné plus attentivement que
l'on n'a fait jufqu'à préfent. Mais il
eft important d'opérer par foi-même,
& de ne point fuivre les procédés
qui ont été tranfmis par d'autres.

Avant que d'examiner la queftion
pourquoi les acides agiffent différemment fur différentes fubftances métalliques, il fe préfente deux remarques
à faire; 1° c'eft que le même acide
attaque plus promptement quelques
métaux que d'autres, ou, comme on
dit communément, a plus d'affection
pour les uns que pour les autres.
2° Il faut examiner combien il dif-

L

sout plus des uns que des autres.

Lorsque l'acide du sel marin a di[s]
sous l'argent, il peut en être dégag[é]
par le moyen du plomb. Il est s[é]
paré du plomb par le régule d'an[ti]
moine, ou par l'étain. Enfin il s'atta[-]
che par préférence au cuivre, au fer [&]
au zinc. Il peut être détaché du mercu[re]
par l'argent, & ensuite par les autre[s]
dans l'ordre qui vient d'être rappor[-]
té. Cependant, dans ces opération[s]
on rencontre quelquefois des bizar[-]
reries qui font propres à dégoû[ter]
ceux qui n'ont point assez d'exp[é]
rience.

Par exemple, quoique de l'eau-fort[e]
dans laquelle on a fait dissoudre d[u]
mercure, ait plus de disposition à s'u[-]
nir au cuivre qu'au mercure; & quoi[-]
que, par conséquent, le cuivre devr[oit]
le précipiter, cependant, lorsqu'on fa[it]
tremper des lames de cuivre dan[s]
cette dissolution, la surface du cui[-]
vre se couvre entièrement de mer[-]
cure; de maniere que la partie d[e]
l'eau-forte, qui est encore saturée d[e]
mercure, ne peut plus y pénétr[er]
dans le cuivre: ainsi la lame de c[uivre]

métal reftera dans la diffolution , fans
en rien féparer de plus.

Lorfqu'on fe fert pareillement de
cuivre pour précipiter le plomb diffous dans l'eau-forte, quoique ce dernier métal tombe fous la forme d'une
poudre qui n'eft pas d'une divifion
auffi grande que le mercure , cependant ce plomb en poudre s'amaffe pareillement , de maniere à empêcher
la diffolution ultérieure du cuivre.

La diffolution fe fait encore plus
mal , lorfqu'on fe fert du plomb pour
précipiter le mercure , vu que non-
feulement le plomb , pour la plus
grande partie , tombe fous lâ forme
de petits cryftaux ou de grains de fable ; mais encore il fe précipite , en
même tems , une quantité affez confidérable du mercure lui-même.

On trouve auffi des obftacles plus
grands qu'on ne s'imagine , lorfque
l'on fe fert de la limaille de fer , &
d'autres métaux , pour dégager le mercure diffous dans l'eau-forte.

Cependant ces opérations ont quelqu'utilité. Par exemple , lorfque le
mercure fe trouve mêlé avec du

plomb, on peut l'en dégager très-bien,
à l'aide d'un peu d'eau-forte, qui réduit le plomb en une poudre qui couvre la surface du mercure dont il eſt
ſéparé.

CHAPITRE XXV.

De la Diſſolution de l'Or dans
les Acides, & de ſon Divorce
d'avec eux par l'addition d'au-
tres métaux.

L'Or ne ſe diſſout dans aucun
des trois acides pris ſéparément,
mais il ſe diſſout dans un mêlange
de l'acide nitreux, ſoit avec l'acide
du ſel marin, ſoit avec l'alcali volatil ; &, par conſéquent, la diſſolution
ſe fait très-aiſément, quand on joint
à l'acide nîtreux du ſel ammoniac,
dans lequel ces deux ſels ſe trouvent
réunis.

Kunckel nous indique une très-bonne

méthode, lorsqu'il dit de commencer par mettre sur l'or un poids d'eau forte égal à celui de ce métal, & d'y joindre ensuite le sel ammoniac en morceaux. Si l'on fait cette opération à froid, & si on lui laisse assez de tems pour que le sel ammoniac se dissolve entièrement, & si ensuite on remet environ moitié autant d'eau forte & puis du sel ammoniac, on fera plus, avec ce dissolvant ainsi préparé, qu'avec la moitié de plus d'eau régale ordinaire, sur-tout si l'esprit de nitre est bien fort. Cette dissolution a des avantages, vu que l'opération dépend principalement du sel ammoniac, & qu'elle produit des effets curieux pour la crystallisation, & dans d'autres circonstances, sur-tout dans la volatilisation de l'or, en y joignant de l'huile de vitriol, suivant la méthode de Kunckel, en mettant cependant plus de cette huile qu'il n'en emploie, & en donnant le degré de feu qui convient.

La maniere de dissoudre l'or, indiquée par Cassius dans son *Traité de l'Or*, n'est pas non plus à dé-

daigner. Elle confiste à faturer un
phlegme d'eau forte ou de l'efprit de
nître avec du fel marin , & à diffoudre l'or. En faifant évaporer la diffolution autant qu'il convient , & en
la mettant à cryftallifer , on obtient des
cryftaux rouges.

L'expérience de Kunckel mérite
auffi quelqu'attention ; & elle ne fera
pas tout-à-fait étrange pour ceux qui
fçavent opérer. Elle confifte à verfer
deux parties de bon efprit de nître
fur une partie de fel ammoniac pur ,
dans un vaiffeau de verre , de façon
qu'il n'y refte pas beaucoup d'efpace
vuide. On met ce vaiffeau au bain-
marie , que l'on chauffe peu-à-peu en
pouffant le feu à la fin , jufqu'à ce
que les efprits commencent à paffer :
on le retire pour lors. On décante
promptement la partie claire dans un
autre vaiffeau échauffé : on l'y laiffe
refroidir ; par ce moyen , il fe forme
des cryftaux qui ne font pas entièrement rouges , mais qui le font
par les pointes & les angles , & qui,
par conféquent , contiennent une portion de la fubftance nîtreufe : fur quoi

l'on pourroit examiner la différence qu'il y auroit entre ces cryſtaux & ceux du ſel ammoniac commun. On pourroit même connoître combien il entre d'acide du ſel ammoniac dans la portion claire de la liqueur. Si l'on diſſout une demi-once de plomb dans de l'eau forte , & ſi l'on précipite avec une ſuffiſante quantité de cette liqueur qui eſt la moins trouble , & que l'on faſſe la même choſe, dans une quantité égale , avec de l'eſprit de ſel bien déphlegmé , la proportion fera voir combien il y avoit dans l'autre d'eſprit de ſel.

En effet , à regarder la choſe de près , on verra que l'acide nîtreux a détaché une portion de l'alkali volatil qui étoit uni à l'acide du ſel marin dans le ſel ammoniac, & s'eſt uni avec lui pour former une eſpece particuliere de ſel ammoniacal.

Que l'on prenne la liqueur qui ne ſe cryſtalliſe plus , qu'on la verſe ſur ce qui ne s'eſt point diſſous auparavant , que l'on chauffe le tout de nouveau, & qu'on le remette à cryſtalliſer ; enfin, que l'on mêle les

cryſtaux rouges de la premiere & de
la ſeconde opération avec du ſel de
tartre bien pur, que l'on diſtille pour
en tirer l'acide; que l'on faſſe cryſtalliſer le réſidu, & l'on verra, par
ce moyen, s'il y avoit encore de l'a-
cide du ſel marin ou de l'acide nitreux, &c.

Il ne faut pas non plus mépriſer la
diſſolution de l'or dans les trois ſels,
ſçavoir l'alun, le nître & le ſel marin, vû ſur-tout qu'ils diviſent & atté-
nuent l'or conſidérablement, au point
de devenir ſoluble dans l'eſprit-de-
vin qui le détache de ces acides.

Chacun peut encore répéter les différentes diſſolutions d'or indiquées par
Kunckel, & y faire des obſervations.
Quant aux diſſolutions d'or dans ces
acides mêlangés, les autres métaux,
en précipitant cet or, le dégagent
de ces diſſolvans. Par exemple, en
mettant beaucoup d'eau pure, ou diſtillée, dans une pareille diſſolution d'or,
& en y joignant une bonne quantité
de mercure bien pur ſi l'on laiſſe
ſéjourner le tout pendant long-tems,
en obſervant de remuer ſouvent, l'or

paſſera inſenſiblement dans le mercure, &, avec le tems, ſe dégagera
totalement de la diſſolution.

Mais, ſi l'on met le mercure, non
dans une diſſolution d'or ainſi étendue
d'eau, mais très-bien ſaturée, l'or,
ainſi que le mercure, tomberont pêle-
mêle ſous la forme d'une poudre ; &
il ſera difficile de les ſéparer, ſur-
tout ſi la diſſolution s'eſt faite dans
de l'eau régale ordinaire, faite avec du
ſel ammoniac ; ce qui fait qu'enſuite
l'on a beaucoup de peine à retirer
le mercure.

L'or, diſſous dans la même eau régale, ſe précipite auſſi par le cuivre ; ſur
quoi Caſſius donne un procédé curieux,
qui conſiſte à étendre cette diſſolution
d'or avec de l'eau, à y mettre du verd-
de-gris bien purifié, & à laiſſer le
mélange quelque tems en repos :
par-là, l'acide ſe raſſaſie du cuivre atténué ; & l'or tombe en une poudre
très-diviſée, qui ſouvent forme des
filets, en tombant.

C'eſt encore à quoi ſe rapporte la
méthode de Kunckel qui ſe ſert de vitriol cuivreux ; c'eſt une façon com-

L v

mode, & peu coûteuse, de dégager l'or très-pur de son dissolvant & des ordures étrangeres qu'il a pu contracter ; & Kunckel a raison de dire que, par ce moyen, l'or est d'une plus belle couleur que de toute autre façon, vu que plus on réitere la dissolution de cet or & la précipitation par le cuivre, plus il acquiert d'éclat, comme le remarque l'auteur de l'*Alchymia denudata*.

Le fer & l'acier sont encore capables de dégager l'or de son dissolvant ; mais il ne paroît pas si pur, que quand on a bien divisé le fer.

L'argent & le plomb dégagent aussi l'or de son dissolvant ; mais en même tems il se joint une portion de ces métaux avec le précipité. En effet, lorsque l'acide du sel marin ou l'alkali volatil s'unissent avec un de ces métaux, ils en dégagent l'acide nîtreux, qui ne peut plus tenir l'or en dissolution ; & ils tombent avec les métaux précipitans. Cependant cette opération mérite quelqu'attention, comme on peut voir dans le *Rositum* de Beccher.

Quant aux différens mélanges indiqués par Kunckel pour dissoudre l'or, il ne s'agit point quant à préfent, d'en parler, vu qu'on doit plutôt les pefer & les examiner que les rapporter.

CHAPITRE XXVI.

De la différence des Couleurs que l'on remarque dans les Métaux diffous par différens Acides.

AINSI, fans m'arrêter, je paffe à l'examen des différentes couleurs que les métaux nous montrent, lorfqu'ils font diffous dans différens diffolvans. C'eft ainfi que le fer, diffous dans l'acide vitriolique, eft d'une couleur verte. Mais cette couleur diſparoît, en grande partie, par la fuite, & devient blanche, en fuivant la méthode de Kunckel, & après avoir dépofé au fond un fédiment jaune. On obferve la même chofe, lorfqu'on lave le vitriol martial avec de l'urine. Il en eft de même, lorfqu'après avoir enlevé à ce vitriol par la

diſtillation, la plus grande partie de ſon
acide, on lave le réſidu pour en tirer
ce qu'on nomme *ſel de vitriol*, qui eſt
pareillement blanc, quoique ferrugi-
neux. Le fer ſe diſſout de même dans
une diſſolution du ſel admirable de Glauber, faite dans de l'eau ; ce qui ſe fait,
lorſque ce ſel a conſervé plus d'acide
qu'il n'en faut pour être ſaturé, comme
il arrive immanquablement, au point
que ce ſel de Glauber, avec quelque
promptitude qu'on le faſſe fondre dans
le creuſet, conſerve toujours une
quantité remarquable de cet acide
ſurabondant ; mais nous pouvons avoir
occaſion de faire encore ailleurs quelques remarques ſur ce ſujet.

Le cuivre diſſous dans l'acide vitriolique bien pur eſt d'un beau bleu, &
forme des cryſtaux tranſparens, qui
conſervent aſſez fortement cette couleur. Mais, en traitant au feu ce vitriol juſqu'à ce qu'on en ait dégagé une
portion de l'acide, & en lavant le réſidu, il devient pareillement blanc,
à proportion du ſoin que l'on a apporté dans l'opération ; car ſans cela
il eſt bleuâtre, ou bien il devient

peu-à-peu d'un bleu verdâtre, sur-tout s'il est exposé à l'air.

Le mercure dissous par l'acide vitriolique, & édulcoré par l'eau, est d'une couleur jaune ; mais cette couleur disparoît, & l'on ne trouve que des crystaux blancs, lorsqu'on fait entièrement dissoudre cette substance jaune dans l'eau.

Le fer dissous dans l'acide nitreux, lorsqu'on le sature peu-à-peu & lentement, donne une couleur jaunâtre ou rougeâtre. Mais, si l'on y remet ensuite une plus grande quantité de fer, la couleur devient rouge de plus en plus, & enfin d'un rouge très-foncé dans lequel néanmoins on apperçoit du jaune ; phénomene qui mériteroit d'être examiné avec plus d'attention que l'on n'a fait jusqu'à présent.

Le safran de Mars, fait de la maniere qui vient d'être indiquée, donne à l'eau régale une couleur d'un beau jaune d'or. Mais si, comme on l'a dit plus haut, l'on y ajoûte de bon vinaigre distillé, la solution devient d'un rouge très-vif, mais avec cette différence que l'eau régale dissout en-

tièrement le safran ou même le fer ;
au lieu qu'en ajoûtant du vinaigre
d'une maniere convenable , il en reste
une portion qui ne se dissout point ,
& qui , en réitérant le travail , &
par une longue digestion , demeure
dans l'état d'une ochre d'un jaune
pâle , & ne montre plus aucune des
qualités du fer.

Si l'on se sert d'une dissolution
d'un jaune rouge du fer , faite dans
l'eau régale , pour précipiter une dissolution d'argent , en opérant , comme
il convient , de maniere à lui donner les proportions , l'argent se précipite , la couleur disparoît , & la
liqueur , qui surnage , est claire. L'argent , qui s'est précipité , devient
violet à l'extérieur , après avoir été
quelque tems en repos. On seroit
tenté de croire que le fer s'est précipité en même tems que l'argent.
Mais si l'on y met un peu de plomb
granulé , en donnant une digestion
assez chaude , il s'en dissout quelque
chose ; & la liqueur redevient de plus
en plus colorée. A la fin , elle reprend la même couleur d'un jaune

rougeâtre qu'a la diſſolution du ſer dans l'eau régale.

Si l'on examine de près cette expérience, on trouvera que la partie claire de la diſſolution contenoit encore un peu d'argent : cependant il eſt bon de réfléchir pour ſçavoir comment cet argent a pu couvrir la couleur du ſer.

Le cuivre diſſous dans de bon eſprit de nître colore le diſſolvant en bleu. Mais, lorſqu'il y a un peu d'argent dans la diſſolution, comme il arrive, par exemple, lorſqu'on précipite une diſſolution d'argent par le cuivre, ſans que l'argent en ſoit totalement précipité, la couleur eſt d'un beau vert ; mais lorſqu'on la ſature de cuivre pour en dégager entièrement l'argent, elle devient de plus en plus bleue.

Le ſer diſſous dans l'eſprit du ſel marin ſe colore en jaune, d'une façon très-peu ſenſible. Mais, lorſque ce diſſolvant en eſt parfaitement ſaturé, il devient d'une couleur auſſi verte qu'une diſſolution de vitriol. Il ne faut pas croire que cela vienne du cuivre

qui a pu se trouver joint avec le fer, vu
que, dans une dissolution bien saturée de fer, ce métal précipiteroit infail-
liblement le cuivre. De plus, en employant dans cette expérience de l'acier
le plus pur ou des cordes d'instrument,
on voit de même paroître cette couleur
verte.

On a déja remarqué que, dans cette
dissolution de fer, il se déposoit une substance noire très-subtile. En versant de
nouveau par-dessus, une petite quantité
d'esprit de sel bien pur, l'on produit
une couleur d'un jaune rougeâtre assez
forte; mais à la fin il en tombe une
substance brune, & le dissolvant demeure
jaune. Mais, dans ce changement, il en
part une odeur sensible d'eau-forte, qui
jaunit le bouchon de Liége; ce qui,
comme on l'a remarqué ci-devant,
n'arrive point à l'esprit de sel.

L'esprit de sel très-pur, s'il n'est point
déphlegmé, n'attaque le cuivre que
très-lentement, même à l'aide de la
chaleur. Le dissolvant devient d'abord
verdâtre. A mesure qu'il en dissout davantage, il devient d'une couleur brune
qui finit par être très-foncée. J'ai déja re-

marqué plus haut, qu'il se dépose peu-à-
peu une matiere blanche, qui est en très-
petite quantité, lorsqu'on emploie un
esprit de sel bien pur, mais qui est très-
abondante, lorsqu'on se sert de celui
que l'on vend communément, qui a été
distillé par l'alun ou le vitriol; & quand,
après avoir dissous ce dépôt dans de
l'eau chaude bien pure, on le fait filtrer
& crystalliser, on trouve que c'est un
véritable vitriol cuivreux. Cependant
il faudroit examiner si cette matiere se
dissout totalement, & de quelle nature est la portion qui ne se dissout plus
dans l'eau, vu qu'il y a du danger à
jetter, comme des ordures inutiles, les
substances que l'on ne connoît point.
Lorsqu'on aura fait cette dissolution
avec de l'esprit de sel bien pur, que l'on
croira bien saturé, ce qui néanmoins
exige du tems, on doit y joindre un
peu d'huile de vitriol pure, & remarquer combien il se déposera de cette
poudre blanche ; & l'on pourra y remettre un nouveau fil de cuivre, &c.

On trouve encore de la différence
dans les différentes dissolutions des
métaux, parce que les uns se crystalli-

sent & prennent une forme concrète ; tandis que d'autres demeurent fluides. Tous les acides forment des cryſtaux avec les alkalis fixes ; & perſonne n'ignore qu'en employant, pour cela, des acides bien déphlegmés , dès qu'on les verſe, il ſe forme de petits cryſtaux ſemblables à du ſable fin : c'eſt ce qu'on remarque ſur-tout dans le tartre vitriolé, fait ſuivant la méthode ordinaire. Néanmoins , en diſſolvant de nouveau ces cryſtaux dans une quantité d'eau ſuffiſante , & les faiſant cryſtalliſer convenablement, on obtient des cryſtaux bien formés ; & en s'y prenant de cette maniere pour faire le tartre vitriolé , ce ſel neutre n'a point d'acide ſurabondant , comme il arrive par la méthode ordinaire. C'eſt de cette façon que ſe forme le tartre vitriolé ; & c'eſt ſur le même principe que ſe fait l'*arcanum duplicatum* , le *nitrum vitriolatum Ludovici* , le *nitrum ſulphuratum* ou le *ſel polycreſte de Glaſer;* ce que l'on nomme aſſez mal-à-propos *panacæa holſatica* , enfin le ſel marin & le nître régénérés.

Il y a cependant encore une circonſtance qui mérite d'être remarquée ;

C'est que ces sels montrent des différentes, relativement à leur dissolution dans
l'eau. En effet le sel marin se dissout
très-aisément, & dans une petite quantité d'eau. Le nître en demande davantage, tandis que le tartre vitriolé a de
la peine à se dissoudre dans le double
d'eau, & sans le secours de la chaleur.

Quoique cela puisse paroître de peu
de conséquence, cependant il est bon
de le remarquer, vu que, lorsque
l'on fait le tartre vitriolé suivant la méthode très-bien indiquée par Tachénius,
simplement avec le vitriol & l'alkali,
on en obtient moins qu'il n'y en a réellement ; ce qui arrive, lorsqu'on ne
filtre que la partie claire, & lorsqu'on
s'imagine, avec un peu d'eau, sur-tout
quand elle est froide, avoir parfaitement édulcoré le résidu ; car, si l'on fait
bouillir ce résidu dans beaucoup d'eau,
en filtrant & en crystallisant, on en
obtient souvent une plus grande quantité de tartre vitriolé, que la premiere
fois.

Comme toutes les vérités naturelles
sont bonnes à connoître, quand même

on n'en verroit pas l'utilité immédiate,
il faut encore obſerver ici, que le ſel
formé par la combinaiſon de l'acide
vitriolique avec l'alkali, eſt beaucoup
plus peſant qu'aucun des autres ſels
neutres.

CHAPITRE XXVII.

Des différentes Cryſtalliſations, & des Mélanges fluides que les Acides font avec les ſubſtances métalliques.

LES alkalis volatils, combinés avec tous les acides minéraux, donnent des cryſtaux concrets; mais ils diffèrent par leurs effets, ainſi que par leur ſaveur.

Il y a encore une différence à obſerver relativement aux alkalis volatils, c'eſt que, quand on les dégage des acides avec leſquels ils ſont combinés, à l'aide d'un alkali fixe, ils s'élevent, & ſe ſubliment ſous une forme concrète. Mais, si on les dégage, à l'aide de la chaux, ils se montrent sous une forme fluide, & ne peuvent, à l'aide de l'esprit-de-vin, se montrer sous une forme solide ; car, quand une pareille liqueur urineuse ou volatile, faite par l'intermede de l'alkali fixe, contient autant d'alkali volatil qu'elle en peut renfermer, en la mêlant avec de l'esprit-de-vin rectifié, elle dépose son sel sous la forme de vrais cryftaux. La même chose arrive, lorsqu'on fait chauffer le mêlange autant qu'il peut le soutenir, & ensuite en le laiffant refroidir. Mais cet effet ne se produit point, quand la liqueur volatile a été faite par la chaux ; car alors le sel concret ne se diffout point dans l'esprit-de-vin, & retombe au fond, quand même on remueroit fortement.

L'esprit de sel ammoniac, tiré par la limaille de fer, ne donne point non plus des cryftaux concrets.

On voit encore une différence entre les métaux diffous par les acides ; c'eft que les uns forment des cryftaux avec eux, tandis que d'autres demeu-

rent dans un état de fluidité. Quant à
l'acide vitriolique, il forme des cry-
taux avec tous les métaux. L'acide
nîtreux ne se crystallise point aisément
avec le fer & le cuivre, mais bien
avec l'argent, le plomb & le mercure.
Dans la dissolution de ce dernier, il
est bon de n'employer que la moitié
de son poids, ou même un peu moins
d'acide nîtreux, & de faire dissoudre
à froid. Quand il ne se fait plus de
dissolution, il faudra secouer, à plusieurs reprises, & transvaser le mêlange, parce qu'il se forme sans cela
une pellicule qui empêche la dissolution de continuer. Par ce moyen, l'on
obtiendra une grande quantité de crystaux, & l'on emploira un quart de
moins d'acide. A cette occasion, l'on
sera à portée de remarquer, d'après
Kunckel, les deux parties qui résultent d'une même dissolution métallique, dont l'une se crystallise avec le
dissolvant, & dont l'autre ne donne
point de crystaux d'eux-mêmes, &
sans être évaporés ; & même pour
lors on ne remarque aucune forme
réguliere, sur-tout quand l'évaporation

c'est faite à l'aide d'une chaleur forte ; & la matiere, qui attire l'humidité de l'air, redevient bientôt fluide.

L'acide du sel marin, produit, à cet égard, les mêmes effets que l'acide nitreux, c'est-à-dire qu'il se crystal-lise, ou demeure dans un état de flui-dité, avec les mêmes métaux. Il forme des cryſtaux avec l'argent, le plomb & le mercure ; mais il demeure fluide avec le fer & le cuivre ; & il l'eſt tel-lement avec le régule d'antimoine, qu'il attire l'humidité de l'air, comme le prouve le beurre d'antimoine.

Cependant il y a cette différence remarquable, que l'acide du sel marin s'attache bien plus fortement que l'a-cide nitreux à l'argent, au plomb, & même au mercure. En effet, un feu très-doux suffit pour dégager, par la diſtillation, l'acide nitreux de ces mé-taux ; au lieu que le feu le plus violent n'en dégage point l'acide du sel marin, qui, dans les vaiſſeaux fermés, fait un mélange fluide avec ces métaux ; qui eſt capable même de percer le vaiſ-seau, & qui expoſé à l'air, s'évapore en fumée avec le métal qu'il a diſſous.

On peut cependant tirer parti, dan[s]
les travaux, de la difpofition où e[st]
un métal de fe diffoudre plutôt qu'u[n]
autre ; & l'on ne doit pas dédaigne[r]
la méthode indiquée par Kunckel, d[e]
dégager, à l'aide du plomb, dans le[s]
vaiffeaux fermés l'acide du fel marin[,]
qui s'eft fortement attaché à l'argent[,]
fur-tout d'après l'obfervation qu'il fai[t,]
que l'on retrouve exactement tout le
poids de l'argent, tandis que le plomb[,]
fe change tant en une fubftance cornée[,]
qui nage à la furface, paroît avoir accru
fon poids de toute la quantité de l'argent.

On peut encore dégager l'argent,
& même le plomb, de l'acide qui s'é-
toit uni avec eux, par le moyen du
régule d'antimoine, & même plus
facilement, vu qu'il paffe à la diftillation, fous la forme de beurre d'antimoine, &, par conféquent, peut encore être employé à d'autres ufages.

On peut auffi retirer de bonne eau-
forte, en purifiant, à l'aide du nître,
l'argent ainfi diffous, du régule d'antimoine qui pourroit être demeuré
joint avec lui. En le précipitant avec
le

le beurre d'antimoine qui a passé, on peut l'édulcorer & le distiller de nouveau ; opération que l'on peut réitérer au besoin : sur quoi il faudra penser à la substance qu'il faudra joindre au régule, & remarquer ce qui se passe dans une pareille dissolution réitérée de l'argent, ainsi que la différence qu'il peut y avoir entre un beurre d'antimoine fait ainsi, à plusieurs reprises, & le beurre d'antimoine ordinaire. Enfin il faut attentivement examiner ce qui s'éleve sous une forme concrète, ou ce qui reste encore uni avec l'argent : sur quoi je recommande de nouveau, de ne point jetter les *féces* ; & j'avertis que, dans les opérations chymiques, il ne faut point se dégoûter du travail.

On sçait les effets qui résultent, lorsqu'on dégage l'argent de l'acide du sel marin, par le moyen de l'etain, & même par la limaille de fer. Avec l'étain on fait pareillement une espece de beurre ; mais l'argent, qui demeure dans le résidu, est aigre, & ne peut se coupeller comme il faut à la maniere ordinaire. On réussit aussi peu

M

par le fer. Confultez là-deffus Becch
dans la *Concordantia Menftr. lun.*

CHAPITRE XXVIII.

*De quelques avantages que l'o
peut retirer des combinaifon
différentes des Acides avec l
Métaux.*

JE reviens à confidérer la form
des cryftaux que ces différens ac
des prennent avec les métaux diver
& la quantité plus ou moins grand
dont ces diffolvans fe chargent,
enfin j'examine quelle peut être
caufe qui fait que les différens diffo
vans agiffent diverfement fur les m
taux.

J'avois promis ci-devant, de pa
ler de ces chofes ; & je l'ai fait dé
dans ce qui précede: je conviens q
j'aurois pu paffer fous filence une pa
tie de ce que j'en ai rapporté. C

pendant, comme plusieurs personnes peuvent ignorer ces faits, & comme d'autres n'y font point l'attention né-cessaire, j'ai cru devoir leur donner place ici. Peut-être que ce que j'ai dit pourra procurer quelques avantages pour la maniere d'opérer, & pour épargner le tems & la dépense : il en résulte du moins, que les dissol-vans, que l'on a employés, peuvent encore fournir des phénomenes cu-rieux, lorsqu'on voudra les examiner. Ces effets échappent souvent aux chy-mistes les plus habiles & sont ignorés des autres. Les premiers ne seroient point fâchés, quand même je me se-rois encore plus étendu dans mes des-criptions & mes remarques : je vais donc, en leur faveur, proposer quel-ques-unes de mes idées en problê-mes.

N'y auroit il pas de l'avantage à tirer l'acide vitriolique du vitriol or-dinaire à froid, environ dans un quart d'heure de tems, en très-grande quan-tité, ou même en telle quantité qu'on voudra, & à n'avoir qu'à y joindre une certaine quantité de sel marin ou de nître, & de sel marin pour obtenir très-promptement avec un feu beaucoup moindre, mais plus pénétrant que par la façon ordinaire, un mercure sublimé très-pur, & très-concentré ?

De plus, ne seroit-il point avantageux, quand on a bien rencontré les justes proportions du sel, dans cette opération, de réitérer plusieurs fois le même travail, en remettant de nouveau mercure sur le résidu qui est resté, après la premiere sublimation? D'après le même principe, avec quelques livres de potasse ordinaire, sans employer aucun vitriol, ne pourroit-on pas produire le même effet, & se servir, pour cela, du *caput mortuum*, ou du résidu, en retrouvant la plus grande partie de la potasse que l'on a employée, encore meilleure qu'elle n'étoit auparavant ?

Si l'on veut faire quelqu'opération avec le vinaigre distillé, il faut qu'il soit bien concentré, & qu'il soit débarrassé de son eau superflue : j'ai donné pour cela, un tour de main très-sûr dans le Journal d'Octobre

(qui confiste à faire geler le vinaigre ;)
mais souvent l'hiver ne m'a pas été
favorable : cependant cette méthode
eft la plus fûre & la plus fimple.
Mais, fi l'on a bien compris ce qui a
été dit jufqu'ici, on pourra, en tout
tems, en tirer parti dans d'autres opérations.

D'abord à l'aide d'une ou de plufieurs additions, on prépare le vinaigre, foit ordinaire, foit diftillé, de
maniere à le dégager de la plus grande
partie de fon eau, même par la fimple évaporation, fans crainte de perdre
fa portion acide, comme il a été dit
précédemment. Si je confens à faire
une petite dépenfe de peu de conféquence, & qui eft encore compenfée
par l'épargne du tems, de la peine
& du charbon, je puis parvenir à dégager très-promptement par la diftillation ce vinaigre concentré.

Mais, fi l'on veut faire cette opération, à encore moins de frais, on
pourra, en diftillant, obtenir un acide
du vinaigre auffi fort que celui que
l'on tire du verd-de-gris. Celui-ci
donne avec le fer une diffolution d'un

brun rouge, qui, traitée convenablement, quoique fans nouvelle addition, & avant même que d'être dif-
tillée, s'éleve d'elle-même, & peut
fervir à différentes opérations curieu-
fes.

En un mot, cette maniere prompte de féparer un acide, eft non-
feulement propre à fatisfaire la curiofité ; mais encore elle fait éviter la
dépenfe, la perte du tems, l'obfcurité
des procédés & le déchet qui refte
dans les réfidus, &c.

CHAPITRE XXIX.

*De quelques tours de main pour
la cryftallifation des Sels, &
Réflexions à ce fujet.*

Dans la cryftallifation, la bonté du
procédé dépend principalement
du foin de ne point employer trop de
chaleur pour évaporer la partie aqueufe

ux de ne pas en emporter trop à la fois. En obſervant cette régle, on aura d'abord des cryſtaux grands & bien formés : ceux que l'on obtient ſur la fin de l'opération, ſont communément plus petits, ſur-tout, comme il arrive dans les diſſolutions métalliques, lorſqu'il reſte une ſubſtance qui ne veut plus cryſtalliſer, & qui demeure onctueuſe & fluide.

En ſecond lieu, pour avoir de beaux cryſtaux, il faut laiſſer refroidir doucement la diſſolution qui aura été convenablement réduite par l'évaporation, & la laiſſer repoſer aſſez longtems, en raiſon de la ſubſtance diſſoute. On en peut voir un exemple, en mettant ces diſſolutions en petite quantité ſur des plateaux de verre, expoſés à la ſeule chaleur de l'air ; ce qui produit des cryſtaux plus grands & plus purs.

Lorſqu'on joint de bon eſprit ardent avec les diſſolutions des métaux, dans les diſſolvans qui leur conviennent, il ſe forme ſouvent ſur le champ de petits cryſtaux, qui tombent au fond, ſous la forme d'un ſable.

Si l'on diftille pour enlever la partie aqueufe à un degré de chaleur
très-doux , & qu'alors on y joigne
l'efprit ardent , il fe produit quelquefois un effet différent , parce qu'alors
cet efprit fe combine plus intimement
avec l'acide , & produit fur le métal
des effets qui ne font pas les mêmes que lorfque l'acide étoit étendu
dans beaucoup d'eau , & ne fournif-
foit point à l'efprit ardent un accès
auffi facile. Voilà pourquoi on voit
des différences , lorfqu'on met l'efprit
ardent dans une grande quantité de
diffolution , ou lorfqu'on met une diffolution déphlegmée dans l'efprit ardent , fur-tout lorfque cet efprit eft
chaud , & lorfqu'on y met la diffolution peu-à-peu , & d'heure en heure ,
ou même à de plus grands intervalles.

On pourra même obtenir une cryftallifation plus parfaite , en ne mettant que peu d'efprit ardent , & en
diftillant enfuite , pour la retirer en
même tems que la partie aqueufe fu-
perflue , jufqu'à ce que l'on préfume
que la diffolution eft propre à donner
des cryftaux.

C'eſt avec grande raiſon que Kunckel fait remarquer, ſur la cryſtalliſation du nître, que la meilleure méthode eſt de ne point faire trop évaporer avant la formation des premiers cryſtaux, & qu'il ne faut pas faire bouillir trop fort la liqueur, lorſqu'elle s'eſt clarifiée & qu'elle eſt dégagée de ſa partie viſqueuſe & trouble.

Perſonne n'ignore que les acides combinés avec différentes ſubſtances, prennent, en ſe cryſtalliſant, des figures différentes ; & l'on a fait une infinité d'hypothéſes pour expliquer comment de grands cryſtaux réguliers ſe formoient par l'aſſemblage de molécules imperceptibles. Ces recherches ne ſont d'aucune utilité pour les vues chymiques ; mais il y a des circonſtances auxquelles on n'a encore fait que très-peu d'attention. On n'a, par exemple, point examiné pourquoi cette formation des cryſtaux exige toujours de la fluidité, & pourquoi la différence du fluide influe ſur la forme des cryſtaux.

On ſçait bien que le nître forme des cryſtaux hexagones & oblongs ;

mais on ignore que ce sel forme un
pareil hexagone circulairement.

Le sel marin forme des crystaux
cubiques, qui n'ont pourtant point la
même forme en tous sens, vu que
quelques-uns de ces crystaux ont deux
fois plus de longueur que de largeur.
Dans les salines, ce coup d'œil suffit pour montrer que les grains de sel,
lorsqu'on les regarde de près, sont, à
la vérité, quadrangulaires, mais vont
en diminuant & par degrés; sont
creux par dedans, & forment une
sorte de pyramide tronquée étendue
par la base : ce qui vient de ce que
le premier grain, qui est celui qui
forme le milieu, venant, pour ainsi
dire, à sécher à la surface de l'eau
salée, devient plus pesant à mesure
que d'autres grains s'attachent autour
de lui ; s'enfonce au-dessous de la surface, tandis que les nouveaux grains
sont plus élevés que lui ; ce qui dure
jusqu'à ce que son poids le précipite
au fond.

CHAPITRE XXX.

Différentes Méthodes utiles pour la formation du Sel marin ; & nouvelles Remarques sur la cryſtalliſation des Sels , & ſur l'Eau-forte.

JE crois devoir faire , à ce ſujet , des obſervations qui , quoique fondées , ne ſont point conformes à ce qui ſe pratique d'ordinaire dans les ſalines où l'on fait le ſel pour le débit.

Il eſt évident que lorſque l'eau ſalée a été évaporée au feu , juſqu'au point de former un grand nombre de grains , ſi on la verſoit dans un vaiſſeau froid , en la couvrant juſqu'à ce qu'elle ſe fût parfaitement refroidie , & la laiſſant en repos , on auroit du ſel pur , en beaux & grands cryſtaux ; & en faiſant bouillir de nouveau au

M vj

même point l'eau qui ne cryſtalliſe
roit plus, on auroit le même ſuccès.

Un pareil ſel ſeroit non-ſeulement
plus fort, mais demeureroit plus ſec.
Mais, comme dans le débit on viſe
plutôt au poids qu'à la bonté, il ne
faut pas s'attendre que l'on ſuive cette
méthode, quoique, par ce moyen,
on regagneroit, par le bois & par
le tems, ce que l'on perdroit ſur le
poids.

Un autre inconvénient, c'eſt que,
quand même par la méthode uſuelle
on auroit du ſel en gros cryſtaux,
ils ſont bientôt briſés par le mouvement des voitures; ce qui fait qu'en
ouvrant les tonneaux, on ne les trouve
point pleins, quoiqu'ils le fuſſent d'a-
bord. Ce déchet apparent eſt dû viſiblement au frotement. Cependant
un ſel, quoiqu'en petits grains, quand
il eſt bien ſec, ſale très-bien; &
l'on peut même en prendre moins que
de celui qui eſt en gros grains; &, ſi
l'on y fait attention, on trouvera que
plus le ſel a été tiré à grand feu, moins
il a de force, au point qu'en faiſant
trop bouillir le meilleur ſel, on par-

vient à lui ôter toute saveur, &
même à le rendre insoluble dans l'eau.

Il est certain que l'air, en agissant
de haut en bas, contribue beaucoup
à la formation des grains de sel,
non-seulement en facilitant l'évaporation de l'eau, mais encore en favo-
risant la crystallisation ; je dis de haut
en bas, vu qu'il est assez constant
tout le sel ne s'attache point à la
partie supérieure de l'eau salée qui
bout : il n'y a que ce qui produit les
grains les plus gros, ou du moins
plusieurs des grains qui se forment
à la surface, qui tombent promptement au fond de la chaudiere en molécules très-petites.

Nous en avons un exemple très-
connu, lorsqu'on prépare le nître en
farine, qui se fait en évaporant très-
doucement le nître dissous, & en observant de remuer continuellement ;
par cette méthode les très-petits crystaux, qui se forment sans interruption à la surface, tombent au fond
& y demeurent, jusqu'à ce qu'on
les retire pour les faire sécher. On
peut faire la même chose avec le sel

marin, en donnant un feu doux à
fa folution.

Le vitriol martial forme des cryftaux quadrangulaires, mais en lofan-
ges, c'eft-à-dire compofés d'angles,
oppofés, dont deux font obtus & les
deux autres aigus. Mais le vitriol cuivreux bien pur n'obferve point exactement cette figure, non plus que l'a-
lun : cependant leur forme approche
de celle du vitriol martial.

Si l'on enleve par la diftillation
l'efprit de nître que l'on a joint avec
du fel marin, ou plutôt, lorfque l'on
diftille ce mélange jufqu'à ficcité pour
obtenir l'efprit de fel, en faifant diffoudre le réfidu dans de l'eau, & le
faifant cryftallifer, on obtient des cryftaux quadrangulaires, qui ne font
point du fel marin, vu qu'ils déto-
nent fur les charbons comme le nître, dont d'ailleurs ils ont le goût.
D'un autre côté, fi l'on diffout en-
femble du fel marin & du nître, en
faifant cryftallifer, ces fels ne fe com-
muniquent rien : ils forment des cryftaux à part. L'on voit alors que le
nître cryftallife plus promptement que

le sel marin; ce qui fait que l'on peut recueillir les premiers crystaux , sans crainte qu'ils participent des crystaux du dernier ; & souvent on trouve une lame de nître avec des crystaux assez visibles , sur laquelle on trouve attachés quelques crystaux de sel marin.

Voici un fait qui devroit être placé ailleurs ; mais , comme il me vient dans l'esprit , je le place ici : il s'agit de la précipitation de l'eau-forte , que jamais l'on n'obtient sans qu'elle ne précipite, sous la forme d'une poudre blanche , la dissolution d'argent qu'on y verse. On attribue communément cet effet au sel marin, qui étoit encore joint au nître. Mais , quoique cette eau-forte ait pu être faite avec du nître impur , il est néanmoins certain que la même chose arrive avec l'eau-forte tirée du meilleur nître , & que cet effet est dû à une portion de l'acide vitriolique , qui a passé à la distillation , attendu qu'il est impossible de fixer exactement la proportion du nître & du vitriol. Viganus a très-mal rencontré, lorsqu'il dit qu'une eau-forte ne mérite pas ce nom, tant qu'elle répand des vapeurs jaunes ; qu'alors elle n'est qu'un esprit de nître, & que, pour qu'il devienne de l'eau-forte, il fal- loit, à force de feu, y faire entrer les vapeurs blanches, qui viennent ensuite. Mais, comme le dissolvant, qui en ré- sulte, n'attaque point l'argent, ou, s'il n'a été précipité complettement, fait qu'il se mêle beaucoup d'argent dans l'or de départ, on ne pourroit, par son moyen, séparer l'or d'avec l'ar- gent ; ce qui lui a fait donner en al- lemand le nom de *scheid-waffer*, qui signifie *eau du départ*.

Mais, comme cette substance, qui, dans la distillation de l'eau-forte se joint à elle, vient plutôt du vitriol que du sel marin, il faut faire, à ce sujet, une remarque digne d'être exa- minée. Un opérateur attentif, accou- tumé à distiller l'eau-forte en grand, & qui se sert, pour cela, de grandes cornues de verre, remarquera cette circonstance particuliere, que, depuis le moment où les vapeurs jaunes com- mencent à passer jusqu'à la fin, ce qui se fait communément en deux jours & deux nuits, le col entier de la cor-

nue, qui s'avance en dehors, est rempli de petits cryſtaux oblongs & compactes, quoique minces, qui reſſemblent à un ſel volatil. Il diſparoît à
la fin, en même tems que les vapeurs
jaunes ceſſent : cependant le col de
la cornue demeure toujours couvert
comme d'un enduit de pouſſiere ; ce
qui doit nous faire conclure que ce
ſel, qui ſe montre conſtamment le reſte
du tems, & qui enſuite demeure ainſi
attaché, ne ſe forme pas dès le commencement, mais ſe forme à meſure
que la diſtillation ſe fait, & ſe rem-
place lui-même, juſqu'à ce qu'à la
fin, il ſe perd faute de matériaux pour
ſe reproduire de nouveau, vu qu'il
n'eſt pas à préſumer qu'il retourne
en arriere, mais qu'il eſt paſſé en
avant.

Cependant cette eſpece de ſel n'eſt
pas auſſi volatil qu'un ſel urineux, vu
que, pendant ſon paſſage, le col de
cornue eſt ſi chaud, qu'on ne peut y
toucher, & que d'ailleurs le bon ſens
montre que, s'il étoit purement urineux, il ſeroit ſur le champ ſaturé
par l'eſprit de nître, qui paſſe par-deſ-

fus : ainsi l'on ne peut le regarder que comme une espece de sel ammonia-cal.

Il est certain que les opérations journalieres de la chymie présentent des phénomenes qui sont très-peu connus : tel est celui que M. Hom-berg a remarqué dans la distillation du borax joint avec l'huile de vitriol, dans laquelle il s'éleve visiblement beaucoup d'un sel volatil, qui n'est ni vitriolique ni urineux, mais qui est un sel neutre, & qui, par conséquent, n'est point en danger de se dissiper à l'air libre.

Il se forme pareillement un autre espece de sel que l'on n'a point exa-miné, qui est d'une telle fixité, qu'il entre en fusion dans un creuset dé-couvert, sans souffrir aucun déchet. Si on le mêle avec du vitriol martial, & qu'on distille, il entraîne une assez grande quantité de fleurs brunes & brillantes, qui ressemblent à des pe-tites feuilles d'or, qui remplissent le col de la cornue, & qui paroissent contenir une portion du fer ; mais je me faisois un scrupule de divulguer

...ans son consentement cette opéra-
...ion qui appartient à un autre.

Je crois encore devoir parler ici
d'une observation que j'ai faite, il y
a déja trente quatre ans, sur la forme
particuliere de quelques crystaux des
sels. J'avois fait sublimer du régule
d'antimoine avec du sel ammoniac :
j'y joignis du sel de tartre ; &, pour
faire un essai, j'en mis dans un bocal
qui tenoit environ quatre onces, &
je versai promptement dessus un peu
de vinaigre distillé : il se fit une effervescence très-vive, au point de sortir du bocal ; mais tout se dissolvit
pourtant. Comme il n'étoit resté qu'environ deux lignes de dissolution, je
mis le tout de côté : en peu de jours,
il fut évaporé ; & le fond du verre
s'étoit couvert de petits crystaux qui
avoient la figure d'une croix, mais
dont une des branches étoit visiblement plus longue que les trois autres ;
phénomene que je fis voir à un pro-
fesseur célébre.

Quant à l'opinion vulgaire que l'on
a sur le sel volatil de corne de cerf,
d'après la forme de rameaux qu'il

prend dans le col de la cornue, &
que l'on regarde comme parfaitemen
ressemblante au bois des cerfs, je n'
vois aucun fondement, vu que le se
volatil, qu'on tire par la distillation de
lies de vin séchées, prend une forme
toute pareille, & que son huile empyreumatique a presque la même
odeur que celle de la corne de cerf.

Le sel ammoniac, dissous dans l'eau
& crystallisé avec lenteur, prend la
forme d'une plume, c'est-à-dire d'une
tige garnie de barbes par les côtés,
qui paroissent formées par un amas
de petits grains.

En général, à l'exception de la
connoissance extérieure, la figure de
ces sels ne m'a rien appris d'utile : c'est
pourquoi je laisse à d'autres à faire des
découvertes en ce genre.

Il reste encore à observer que, dans ces
crystallisations, il entre plus ou moins,
& quelquefois point d'eau, dans les
crystaux ainsi formés. Quant au vitriol, lorsqu'il est purement martial,
il contient au moins une moitié d'eau.
Après lui, c'est le sel d'Egra & celui
d'Epsom, qui en contiennent le plus.

Le vitriol cuivreux en contient visiblement beaucoup moins. L'alun en
contient davantage. Le borax en est
très-chargé : le nître n'en contient
point une portion sensible, non plus
que le sel marin bien crystallisé. Le
tartre vitriolé, ou l'*arcanum duplicatum*, ne contient point d'eau ; mais je
ne parle que de l'eau surabondante
& différente de celle qui entre dans
la combinaison. Chacun est à portée
de voir l'eau surabondante des crystaux formés par la combinaison des
métaux & des différens dissolvans.
Cependant il ne faut point perdre de
vue l'observation de Kunckel, qui a
remarqué que, dans les mêmes dissolutions, tout ne se crystallise point,
& qu'il reste toujours à la fin une substance qui ne fournit plus de crystaux.
Quand on veut opérer sûrement, il
ne faut rien négliger.

Il est encore bon de remarquer
que les crystaux, qui contiennent beaucoup d'eau, s'en séparent avec plus
ou moins de facilité. Le vitriol martial la perd très-aisément, pour peu
qu'il demeure, pendant deux jours, ex-

posé au soleil d'été. La même chose
lui arrive, si on le met dans une étuve,
ou sur un poële. Le vitriol cuivreux
retient son eau bien plus fortement.
On pourra voir à quel point cette eau
est retenue dans l'alun, le borax &
les crystaux métalliques.

Pour montrer l'utilité de ces observations, je dirai seulement que, si
l'on fait dissoudre de nouveau dans
l'eau, du vitriol bien desséché sur une
étuve, le mélange s'échauffe, &
donne, par la suite, de nouveaux crystaux dans une quantité proportionnelle. Si, au lieu d'eau, on arrose ce
même vitriol desséché avec du vinaigre distillé, le même effet se produit,
à certains égards; mais la portion avec
laquelle le vitriol se combine est plutôt sa partie phlegmatique que sa partie acide : ainsi l'on peut se servir de
ce tour de main pour concentrer le
vinaigre, en distillant convenablement
la liqueur qui reste. Si l'on craignoit
qu'il n'eût passé en même tems à la
distillation une portion de l'acide du
vitriol, on n'aura qu'à distiller de nouveau sur du sel de tartre saturé par le

vinaigre & réduit à siccité. Si l'on
veut faire quelques expériences dans
lesquelles on ait besoin de vinaigre
distillé, on pourra se servir de ce tour
de main, vu qu'avec le vinaigre distillé ordinaire, on court risque de
manquer ses opérations.

CHAPITRE XXXI.

De la Cause de la dissolution des Métaux dans les Dissolvans. Elle est dûe au Phlogistique de ces Métaux.

JE reviens à l'examen de la question,
pourquoi différens dissolvans attaquent différens métaux ? A quoi l'on
ajoûte communément qu'ils les attaquent, ou ne les attaquent point. Mais,
comme j'ai suffisamment prouvé ci-dessus, que cette opinion n'est point fondée,
tout se réduit à examiner la raison de la
diversité de leur action par laquelle,

1° ils diffolvent plus ou moins d'un même métal ; 2° ils produifent de réfultats qui différent confidérab[le]ment par la couleur, la confiftance, &c.

Et même la premiere queftion, qu'[il] y auroit à faire, feroit de demander comment tous ces diffolvans agiffent, ou trouvent le moyen de s'ouvrir un paffage dans les métaux ? Il eft vra[i] que j'ai déja touché cette queftion plus haut ; & j'ai dit que cela fe fa[i]foit évidemment au moyen du phlogiftique des métaux imparfaits. En effet, on fçait affez que ces diffolvans n'agiffent que très-difficilement, très-lentement, ou point du tout, fur ces métaux, lorfque le phlogiftique leur a été enlevé, & même qu'ils ne diffolvent point completement cette fubftance, dont il refte toujours une portion qui demeure intacte.

Quoique cette régle paroiffe fouffrir une exception relativement à l'argent, dans lequel on ne peut montrer ce phlogiftique, cependant la chofe n'eft point décidée, vu que l'argent lui-même, en le faifant rougir

...ir très-doucement & très-long-tems, ...convertit en une cendre, ou chaux, ...i ne reprend point sa forme mé-...llique par la fusion ; & de plus, rien ...empêche de croire que ce phlogis-...que se trouve dans l'argent & dans ...or, dans un état de combinaison ...lus intime, qui l'empêche d'être en-...ammé & dissipé, ou qui le garan-...it de l'action du feu, vu sur tout, ...ue l'on assure que l'or lui-même peut ...tre réduit en une chaux ou cendre ...areille, en le faisant simplement rou-...ir pendant très-long-tems. Il y a ...ême un auteur qui donne une mé-...thode plus courte pour mettre l'or & ...argent en une chaux irréductible, ...ui à la fin ne peut plus que pren-...e la forme d'un verre.

...Cette expérience est digne de re-...marque, vu sur-tout, que cette opé-...ation ne peut point réussir dans un ...aisseau parfaitement fermé, ou qui ...e communique point avec l'air, quoi-...que le phlogistique soit assez subtil ...pour y passer invisiblement, lorsqu'on ...ait rougir les métaux à l'air libre.

...Quoique l'acide vitriolique & l'a-

cide du sel marin, quand on les joi[nt]
à la limaille de fer, l'attaquent ave[c]
effervescence, & quoique l'acide ni[-]
treux agisse sur elle avec la pl[us]
grande vivacité : lorsque le fer est priv[é]
de son phlogistique, cet acide nître[ux]
n'a plus aucune action sur lui ; l'acid[e]
du sel marin ne le dissout point en[-]
tiérement ; & quoi que l'acide vitri[o-]
lique exige beaucoup de tems pou[r]
opérer cette dissolution, il ne form[e]
plus avec lui le soufre ordinaire, qu[e]
Kunckel a remarqué, & qu'il appell[e]
poudre noire.

Rien ne prouve plus clairement c[e]
qui vient d'être dit, que l'expérienc[e]
par laquelle j'ai remarqué que l'acid[e]
nîtreux n'agit pas sur la totalité d[u]
fer, mais seulement sur sa partie inflam[-]
mable, sans se charger du reste, o[u]
qu'il la laisse tomber, en continuant l[e]
procédé, sans rien ajoûter de nouveau[;]
par où l'on voit la dissipation invisi[-]
ble de ce phlogistique ; expérienc[e]
qui mérite sans doute beaucoup d[e]
réflexions.

Ce qui vient d'être dit nous prouv[e]
que c'est le phlogistique, non encor[e]

ntimement combiné, qui ouvre aux
diſſolvans le premier paſſage pour entrer dans les métaux : ainſi il paroît aſſez vraiſemblable que c'eſt cette même
ſubſtance qui leur donne l'accès dans
les parties les plus profondes de ces
mêmes métaux , & qui eſt cauſe de
leur diſſolution. Voici comment je crois
que l'on peut confirmer cette opinion.

D'abord il eſt certain , & l'exemple connu de l'antimoine le prouve,
que les ſubſtances métalliques , lors
même qu'elles ſont ſous la forme d'un
verre, contiennent encore une grande
quantité de phlogiſtique. En effet,
quand on fait fondre, pendant quelque
tems , l'antimoine dans un creuſet ouvert, afin que la fumée ſe diſſipe ; ſi
on vient à le vuider , on s'apperçoit
qu'il eſt déja rempli de parties vitri-
fiées ; cependant il demeure auſſi fu-
ſible que de l'antimoine dans ſon entier. Mais, lorſque ce phlogiſtique, ſous
ſa forme de ſoufre , a été dégagé par
la calcination, le réſidu devient de plus
en plus refractaire ; & , à la fin , il ſe
convertit en un verre véritable d'un
jaune pâle, & ſemblable à une topaſe.

On voit encore plus clairemen[t]
cet effet dans le régule d'antimoine
quand on le fait calciner convenable[-]
ment, & quand, à la fin, on le vitri[-]
fie; mais la chose réussit encore plus
promptement, en le faisant détonne[r]
avec le nître; ce qui produit un verr[e]
très-difficile à fondre & très-pe[u]
coloré.

On a, dans les quatre métaux calci-
nables, une preuve encore plus complette de la même vérité : c'est ce qu'on
voit dans l'étain & le fer qui, étant
bien calcinés à l'aide du nître, se con-
vertissent en une scorie vitreuse, quand
on leur applique un feu assez violent.
Ces sortes de verres ne sont plus solubles dans les dissolvans qui agissent
communément sur ces métaux; ou,
ce qu'ils en détachent, si l'on vient
à l'examiner attentivement, n'a plus
aucun des caracteres des métaux
précédens. C'est surquoi l'on peut s'en
rapporter à Isaac le Hollandois; &,
en suivant ces expériences, on peut
en tirer beaucoup de fruit.

Cela nous prouve clairement que
les dissolvans n'attaquent pas les mé-

…ux dans leur entier, mais n'attaquent
leurs molécules que par un côté; chaque diſſolvant agit en cela à ſa façon;
l'acide nîtreux attaque le phlogiſtique:
l'acide vitriolique attaque la partie terreuſe; & l'acide marin, la partie mercurielle.

On en voit un exemple frappant
dans le ſoufre, ſoit naturel, ſoit artiſi-
ciel, dont l'acide ſe combine ſi fortement avec un alkali fixe, qu'il
faut un art encore très-peu connu
pour l'en ſéparer, quoique l'on puiſſe
néanmoins faire cette ſéparation, en
un inſtant, même dans le creux de la
main. Si on lui rejoint du phlogiſtique
pour le remettre dans l'état de ſoufre,
cet acide eſt ſi foiblement attaché à
l'alkali, que l'acide le plus foible, tel
que celui du vinaigre ou du tartre,
eſt capable de l'en dégager; ce qui
arrive évidemment, parce que l'alkali ne tient au ſoufre entier que par
ſon phlogiſtique, que le moindre
acide peut en détacher, de la même
maniere que le moindre acide le détache des graiſſes, comme on voit
dans le ſavon qui eſt formé par la

combinaiſon de l'alkali & d'une ſubſtance graſſe.

Je dois ici remarquer, en paſſant,
que, dans le *Traité du Soufre*, je me
ſuis exprimé d'une maniere qui a été
déſapprouvée de quelques-uns de mes
amis, & qui pourroit l'être d'autres,
lorſque j'ai dit *que vainement l'on ob-*
jecteroit qu'un acide foible peut dégager
le ſoufre de l'alkali, & que cela prouve
la ſupériorité de l'acide, &c ; ce que
je diſois à l'occaſion du même ſujet
dont il eſt ici queſtion. Je dis donc
que l'alkali, lorſqu'il diſſout le ſoufre,
s'attache à lui, non par ſon acide,
mais par ſa partie inflammable. Quoiqu'un foible acide, tel que celui du
vinaigre, ſoit capable de l'en ſéparer de nouveau, &, par conſéquent,
que cet acide ait de la *ſupériorité*,
en ce qu'il s'unit plus promptement &
plus fortement à l'alkali, que le phlogiſtique, qui eſt dans le ſoufre, ne peut
faire ; cependant cette adhéſion du ſoufre avec l'alkali nous prouve au moins
que non-ſeulement cette ſubſtance inflammable eſt capable de s'attacher à
l'alkali, & de s'y attacher aſſez forte-

ment, mais encore que, dans l'exemple du soufre, qui a été rapporté, il
produit visiblement cet effet, & que,
dans la combinaison du soufre, il a
de la *supériorité* sur l'acide qui y est
renfermé, quoiqu'ensuite un acide foible, que l'on y joint, soit capable de
le dégager de nouveau de l'alkali. On
voit encore assez clairement que, dans
la combinaison du soufre, les molécules de substance inflammable amor-
tissent tellement des molécules d'un
acide très-fort, qu'elles ont moins de
pouvoir pour s'attacher à l'alkali, que
l'acide le plus foible, &c.

Mais revenons à notre sujet. Comme
l'alkali s'attache au phlogistique du
soufre, sans, pour cela, le dégager de
son acide, mais s'attache à cet acide,
par l'intermede du phlogistique, on
peut sentir que les autres dissolvans,
quoiqu'ils attaquent principalement
par le côté du phlogistique, ne sont
pas néanmoins capables d'en dégager
aisément, & sur le champ, des substances qui lui sont intimement combinées, & que, quoiqu'ils attaquent
principalement & proprement ce phlo-

giftique, ils ne laiffent pas de fe cha
ger, en même tems, des fubftanc
aux-quelles il tient lui-même.

Pour connoître la combinaifon ir
time des métaux, il faut pouffer l'a
nalyfe jufqu'à leur vraie partie te
reufe, qui, étant bien féparée, devie
fufible & vitrifiable,

Aucun diffolvant n'agit fur un ver
fimple & pur ; ce qui nous prouv
que Van-Helmont a eu raifon de re
garder le fable pur, comme la fub
ftance la plus inattaquable. Il y a lie
de croire que les métaux renferme
une pareille fubftance, comme
prouve l'expérience importante, qui
été citée plus haut, par laquelle o
voit que ces métaux, fans en excep
ter l'or & l'argent, fe changent e
verre, avec plus ou moins de facilité
On eft donc en droit d'efpérer que
l'on parviendra quelque jour à décou
vrir que la partie, qui eft principalement propre à produire cette vitri-
fication, peut non-feulement être féparée des autres parties de fa combinaifon, mais encore, quand elle a été
portée jufqu'à ce point, ne peut plus,

en aucune façon, être attaquée
par les diſſolvans, ou n'en être du
moins attaquée qu'avec des différences très-marquées ; ſçavoir, quand
elle aura été dégagée de la ſubſtance
avec laquelle, ou par le moyen de
laquelle, lorſqu'elle y étoit fortement
unie, cette partie étoit ſoluble dans
les diſſolvans, & miſcible avec eux.

Je me ſuis laiſſé entraîner par
mon ſujet, & je pourrois confirmer
par des expériences ce que je ne
fais que propoſer en théorie ; mais,
comme cela m'obligeroit à décrire des
procédés qui pourroient induire en erreur, je crois devoir m'en tenir à ce
que j'ai dit.

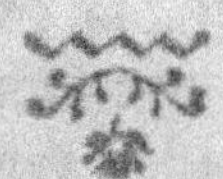

CHAPITRE XXXII.

*Des différentes façons d'agir des
Dissolvans sur les Métaux,
& des changemens qu'ils produisent sur leur Couleur, leur
goût & leur consistance.*

EXAMINONS maintenant, 1° pourquoi les dissolvans agissent sur
un métal, par préférence à l'autre, &
en dissolvent plus ou moins ; 2° pourquoi ces dissolvans produisent sur un
même métal des différences pour la
couleur, le goût, la consistance, &c.

Quant à la premiere question, il
est évident, par exemple, que l'a-
cide nitreux, qui demeure transparent
après la dissolution, ne se charge que
d'une petite quantité de fer : l'acide
marin en prend encore moins, tandis que l'acide vitriolique en dissout
beaucoup plus; sur quoi il ne faut point

négliger la remarque de Kunckel, qui dit qu'une partie d'acide vitrioli-que dissout, pour l'ordinaire, une par-tie de fer, égale à son propre poids. Il faut donc, dans ces opérations, plutôt consulter le poids que le coup d'œil, lorsqu'on voudra porter un jugement. En effet, si l'on veut juger de la quan-tité de fer, que l'acide nitreux peut dissoudre, il seroit absurde de se ré-gler sur le poids de l'esprit de nître, qui peut être tantôt plus fort & tan-tôt plus foible. Mais, lorsque cet esprit sera saturé, il est à propos de faire évaporer très-doucement le phlegme au bain-marie, afin de sçavoir combien le résidu contient d'acide proprement dit au-dessus de la quan-tité de fer qu'on y a mis.

Comme le vitriol fait de cette façon a encore plus de peine à se dégager entièrement de son eau, il faudra, lorsqu'on voudra en faire l'essai avec exactitude, prendre encore plus de soin pour enlever l'eau superflue. Par ces sortes d'épreuves, on trouvera une différence notable entre les dissol-vans.

N vj

Il y a encore de grandes différen
ces à observer entre les diſſolvans di
vers, & entre la maniere dont un
même diſſolvant agit ſur un métal plu
tôt que ſur un autre. Par exemple
une bonne eau-forte dont ſix gros
diſſolvent quatre gros de mercure, ſi
on l'éprouve ſur de l'argent, ne diſ
ſoudra que la moitié de ſon propre
poids de ce métal ; mais ſi on l'appli
que au fer, en prenant toutes les pré
cautions pour que la partie la plus ſub
tile de l'acide ne puiſſe pas s'évapo
rer, cette même eau-forte n'en diſ
ſoudra qu'un quatorzieme, ou même
un ſeizieme, de ſon propre poids.

Kunckel attribue la diverſité de ces
façons d'agir à la terre contenue dans
les métaux imparfaits. Il ſe fonde ſur
ce qu'un diſſolvant a beſoin, pour ſe
ſaturer, d'un beaucoup moindre poids
d'une ſubſtance vraiment terreuſe, que
de métal. Nous en avons un exemple dans l'alun ; car, quoique le vitriol
martial cryſtalliſé contienne plus de
la moitié de ſon poids d'eau, & quoique l'alun en renferme auſſi une très-
grande quantité, cependant, quand on

précipite un poids égal de vitriol &
d'alun placés dans des vaisseaux différens, par le moyen d'un alkali,
& quand on vient à comparer les
deux précipités produits par une substance qui étoit contenue dans ces dissolutions, après l'avoir bien édulcorée
& séchée, on trouvera une très-grande
différence, tant à l'œil qu'au poids ; ce
qui semble autoriser le sentiment de
Kunckel : c'est cependant à des expériences ultérieures à nous faire connoître dans quelle proportion les dissolvans agissent sur les terres solubles
comparativement aux métaux.

Quoi qu'il en soit, il faut faire remarquer en peu de mots, 1° que,
quoique la craie puisse se convertir
en verre par la fusion, elle ne laisse
pas de se dissoudre dans les acides les
plus foibles ; 2° que la dissolution se
fait encore plus facilement avec les
coquilles, les madrepores, qui sont
des substances calcaires & terreuses ;
3° que la craie & les autres terres minérales déliées, de la même nature,
se crystallisent & prennent très-prompt-
tement une forme séche & concrète :

c'eſt ainſi que l'on fait un véritable
alun, en combinant de la craie & de
l'acide vitriolique, tandis que les terres
des plantes marines & aquatiques, ainſi
diſſoutes, demeurent dans une conſiſtance fluide.

Il faut remarquer, au ſujet de la
craie, qu'elle renferme communément
de vraies pierres à fuſil; ce qui donne
lieu de conjecturer que la craie elle-
même n'eſt produite que par la décompoſition de ces pierres, opérée
par quelqu'exhalaiſon minérale, qui les
a diſpoſées à la diſſolution.

Les réflexions, qui ont été préſen-
tées juſqu'ici ſur les métaux, donnent
pareillement lieu de conjecturer que
c'eſt leur partie terreuſe, qui d'abord
les diſpoſe à être diſſous dans les acides, par l'intermede d'une autre ſubſtance qui leur eſt incorporée, quoiqu'après que la diſſolution a été parfaite, elle ne ſoit plus elle-même ſoluble par ces mêmes acides.

A l'égard de ce qui vient d'être
dit de la décompoſition des pierres à
fuſil, on trouvera dans l'Ouvrage de
Nicolaus Solea, (que l'on attribue

communément à Basile Valentin, &
qui est joint à ses Œuvres, quoiqu'il
y soit fait mention de Paracelse qui
est postérieur à lui,) un chapitre *de
Vorone*, dans lequel il dit avec assez
de raison avoir observé une substance
minérale en vapeurs, qui, dans le sein
des montagnes, est capable de décomposer les pierres & les mines : mais
on ne nous apprend rien sur la
nature de cette vapeur. J'ai parlé
plus haut de la décomposition des mines sulfureuses & métalliques ; &
l'exemple des ardoises ou pierres
feuilletées, chargées d'alun, mérite d'ê-
tre pesé.

Mais j'en appelle toujours à la dissolution réitérée du fer par l'acide nîtreux, & à la quantité de matiere insoluble dans cet acide, qui par-là se
détache de ce métal : elle mérite toute
notre attention.

Quant aux différens signes que nous
montrent les différentes façons d'agir
des acides divers, il reste peu à ajoûter à ce qui en a été dit ci-dessus. Cependant il est bon de peser ce que Kunckel dit, dans son *Art de la verrerie*,

fur la maniere de faire un fucre de
faturne en beaux cryftaux.

A l'égard de la queftion, pourquoi différens diffolvans attaquent &
diffolvent diverfement, foit un même
métal, foit des métaux divers ? en
faifant attention aux circonftances qui
ont été rapportées, je penferois que
ces différences font dûes à la diver-
fité des parties conftituantes des métaux qui ont plus ou moins d'analogie ou d'affinité avec un diffolvant
qu'avec un autre. On dira peut-être
que cela ne fignifie rien ; mais tous
ceux qui en ont parlé n'ont point été
en état de s'expliquer plus clairement.
Effayons néanmoins fi cette façon de
s'exprimer eft incapable de nous conduire à découvrir la combinaifon intime des métaux.

J'ai déja dit plus haut, que l'acide
nîtreux fembloit fur-tout attaquer
les métaux par leur fubftance inflammable ; & j'ai eu mes raifons, dans le
Traité du Soufre pour dire que le
phlogiftique, fur-tout quand il eft extrêmement délié, influoit beaucoup fur
la partie mercurielle : c'eft à quoi m'a

...onduit sur-tout la sublimation de
Géber, qui appuie mon sentiment ;
...oint au phénomene de la production
...'un mercure du vitriol, que je n'ai
...oint rapporté sur de simples ouï-
...ire.

Cela posé, c'est dire quelque chose,
...que de dire que l'acide nître ux atta-
...que avec plus de promptitude & de
...force non-seulement les métaux qui
...contiennent évidemment le plus de
...phlogistique, mais encore ceux dans
...la combinaison desquels il entre beau-
...coup plus du principe mercuriel, ou
...même de vrai mercure, que dans la
...plûpart des autres métaux quoiqu'ils
...paroissent contenir peu de phlogisti-
...que apparent.

L'acide vitriolique, au contraire,
...n'attaque les métaux que par leur prin-
...cipe terreux ; & c'est la raison pour-
...quoi il agit le plus fortement sur les
...métaux dans la combinaison desquels
...il entre le plus de terre, dont on ne
...peut ensuite le séparer qu'avec beau-
...coup de tems & de peines.

J'ai dit que l'acide du sel marin
...dissolvoit les métaux dans la combi-

naison desquels il entre le plus de principe mercuriel, comme on peut en juger par leur densité, leur pesanteur & leur ductilité. Ce qui confirme ce sentiment, c'est que cet acide enleve l'argent à l'acide nitreux, & même à l'acide vitriolique, qui sont plus forts que lui, & s'unit en même tems si fortement à ce métal, que l'on a beaucoup de peine à l'en séparer parfaitement ; joignez à cela qu'il rend l'argent si volatil, qu'il se dissipe avec la fumée.

J'ai encore fait remarquer, dans l'Echelle que j'ai donnée sur la Dissolution, que l'acide du sel marin passoit du mercure sublimé dans l'argent, qui par-là est rendu très-volatil, comme le prouvent quelques expériences qui sont aussi curieuses qu'utiles.

Que l'on juge d'après cela, si la façon, dont je m'exprime, est aussi dépourvue de sens qu'on se l'imagine. Elle est fondée sur l'expérience, & peut conduire à la connoissance des vrais principes des métaux. L'on en tirera des lumieres utiles non-seulement dans la théorie, mais encore dans la pratique. Je pourrois citer des procédés qui confirmeroient ce que j'avance; mais, quelques vrais qu'ils soient, je les omets ici, de peur que si des opérateurs imprudens les tentoient legérement, ils ne fussent induits en erreur. Ceux qui saisiront mes idées trouveront ces procédés, sans que j'aye besoin de les décrire.

CHAPITRE XXXIII.

De l'Affinité qui se trouve entre les dissolvans & les substances contenues dans les Métaux, & de la partie terreuse qui est dans les huiles ténues.

POUR suivre notre objet & pour confirmer ce que j'ai dit jusqu'ici, je vais rapporter des observations qui prouveront l'analogie qui subsiste entre les dissolvans & les substances

contenues dans les métaux qui e
sont le plus vivement attaquées.

J'ai dit que l'acide vitriolique ag
soit principalement sur la partie te
reuse, qui est dans les métaux : je n
suis fondé sur-tout sur l'analogie q
subsiste entre ces substances, ou, po
parler clairement, sur leur nature te
reuse. C'est une vérité que Becch
a le premier annoncée, de la faço
la plus claire, comme on peut en ju
ger par ses ouvrages. Tout chymiss
intelligent, lorsqu'il fera l'analyse d'u
corps pour découvrir ce qu'elle con
tient, sentira qu'il ne doit y rien join
dre qui puisse donner lieu de doute
si la substance, qui se montre, vien
effectivement du corps qu'il analyse,
ou si elle n'est dûe qu'aux addition
qu'il y a jointes.

L'acide vitriolique montre de l'a
nalogie avec la terre, en ce que,
comme on sçait qu'il est très-pesant,
& vu qu'il exige un feu très-violen
pour s'en dégager, on voit encore
qu'il contient des parties aqueuses par
sa fluidité & sa transparence : je ne
crois pas que personne jusqu'ici ai

…maginé ou dit qu'il y eût une grande
…uantité de terre ou d'une substance
…n poussiere dans l'huile de vitriol
…ien pure & bien limpide ; que j'ai
…it que l'on pouvoit en tirer, en un
…stant, & sans aucune addition : at-
…endu sa grande division, elle paroît
…ès-abondante à l'œil ; mais, en exa-
…inant son poids, on la trouve en
…ès-petite quantité : cependant, d'un
…utre côté, le bon sens montre que le
…ste du poids, la fluidité, la transpa-
…ence, la volatilité, la faculté de dis-
…oudre, qui se trouvent dans cette huile
…e vitriol, ne sont point dûes à cette
…ubstance pulvérulente, vu que, lors-
…ue cette substance en a été une fois
…parée, elle montre des qualités to-
…alement opposées ; elle est sous une
…orme séche, opaque ; elle n'est point
…olatile dans les vaisseaux fermés ; elle
…st incapable de se gonfler ; mais à
…ir libre elle s'allume ; tandis que
…utes ces qualités opposées appartien-
…ent à une eau pure, & ne peuvent
…n être séparées.

Lorsqu'on joint ensemble, d'une fa-
…on convenable, de l'huile de vitriol

& de l'huile de térébenthine, & quand
on vient ensuite à les séparer, d'o
peut venir la quantité inespérée d
substance terreuse & séche, que l'o
obtient par ce moyen ? De plus, e
faisant l'opération avec un très-gran
soin, lorsque l'acide vitriolique &
l'huile essentielle de térébenthine on
été bien séparés, on observe un trè
grand déchet dans leur consistanc
précédente ; & on n'en voit aucun dan
leur poids total. Que peut-on conclure de-là ? sinon qu'il s'est fait de
deux côtés une décomposition de l
combinaison propre à chacune de ce
substances, d'où il résulte, 1° qu'il
a beaucoup moins de l'huile de tére
benthine, qu'on n'en a employé, &
beaucoup plus d'acide vitriolique, qu
se montre à l'œil, mais qui est fo
aqueux ; & il reste dans le vaisseau
dont on s'est servi pour l'opération
une quantité d'une substance noire
luisante si fixe, qu'au feu le plus vio
lent elle ne perd rien de son poids
& n'entre point en fusion.

Celui qui sçaura que le feu appli
qué immédiatement est capable de pr

duire des changemens merveilleux, se tirera aifément de cet embarras, & n'aura pas beaucoup à rêver là-deffus. Mais, fi l'on veut examiner la chofe de plus près, & pouffer l'ex-périence jufqu'où elle peut aller, fans avoir égard aux peines qu'il peut en coûter, l'on n'aura qu'à dégager l'huile de vitriol aqueufe volatile de fa partie aqueufe ; &, par une déphlegmation convenable, on féparera l'eau de l'a-cide très-concentré & rapproché. On pourra enfuite rejoindre de nouveau cet acide avec la partie huileufe vo-latile, & réitérer la même opération, jufqu'à ce que l'on foit bien affuré que l'acide vitriolique s'eft combiné avec la partie inflammable de l'huile, qui eft auffi d'une nature féche, pour former cette fubftance terreufe, folide & fixe, & que l'un & l'autre fe font dégagés de la partie aqueufe, qui précédem-ment leur étoit intimement incorpo-rée, comme on pouvoit en juger par la vue, ainfi que par le poids, & par l'uniformité.

CHAPITRE XXXIV.

*Démonstration fondée sur l'ex-
périence, que, dans une Huile
ténue, il y a une substance
terreuse.*

J'AI donné, à la fin de mon *Traité
du Soufre*, la maniere de faire cette
expérience avec le soufre, au lieu de
l'acide vitriolique ; & j'ai, à cette
occasion, expliqué le sentiment de
M. Homberg sur la cause de ce phé-
nomène ; mais, comme il n'y a point
de mal à revenir plusieurs fois sur la
même chose pour la considérer plus
attentivement, je crois devoir encore
en parler ici.

Si l'on joint de l'acide vitriolique
avec un alkali fixe, bien pur, & si on
fait crystalliser le sel qui en résulte,
on pourra être assuré que, de cette
maniere, toute l'eau superflue a été dégagée

agée de l'acide vitriolique. Si à ce
el neutre on joint un peu de pouf-
iere de charbon, & qu'on le fasse
ondre, il se forme un vrai soufre par
a combinaison de l'acide vitriolique
& du phlogistique du charbon : l'Alcali est remis dans son état naturel.
Ce qui vient d'être dit sert au moins
à prouver que le soufre commun est,
en très-grande partie, composé de l'a-
cide vitriolique, dégagé de toute eau
étrangere, intimement combiné avec
une petite quantité de substance inflammable.

Si, au lieu d'acide vitriolique aqueux,
ou de ce qu'on nomme *l'huile de vitriol*, on prend le soufre ordinaire
bien pur, & si on le met en digestion avec l'huile ténue, bien distillée,
à la plus grande chaleur qu'il peut se
faire, jusqu'à ce qu'il s'y soit entièrement dissous, & si ensuite l'on enleve cette huile distillée au bain-marie, que l'on chauffera d'abord doucement, en finissant par le faire bouillir, & si on a la patience de sacri-
fier non des jours, mais des semaines
à cette expérience, on remarquera les

O

phénomenes suivans: 1° Que l'e[…]
dégage une quantité de l'huile ténu[…]
beaucoup moindre pour le poids [q]
le volume que celle qu'on a employé[e.]
2° Qu'il en reste environ le quart q[ui]
s'est combiné avec le soufre, & q[ui]
a formé avec lui une substance épai[sse]
& ténace, d'un rouge brun. 3° Qu[i]
a passé à la distillation avec l'huile d[is]
tillée une quantité remarquable d'ea[u]
qui est aussi acide que de l'esprit v[i]
triolique assez concentré, quand la d[is]
tillation s'est faite au bain de sable[,]
mais qui n'est que peu ou point acide[,]
quand la distillation s'est faite au bai[n]
marie.

Si l'on vient à distiller la matiere t[é]
nace, en allant d'abord doucement, a[t]
tendu le gonflement, il passe alors d[es]
gouttes d'une huile d'un rouge jaunât[re]
& d'une odeur empyreumatique ; [&]
enfin il vient une substance épai[sse]
comme du goudron. Mais, au fond [du]
vaisseau, il reste la matiere noire, lu[i]
sante, & qui ne soufre point d'alté[ra]
ration au plus grand feu, dont no[us]
avons parlé, & même en si grand[e]
abondance, que, suivant M. Homber[g]

quatre onces de soufre en ont donné
deux onces & demie.

Cependant, vers la fin de la distillation, la violence du feu tire encore
une portion sensible d'un acide fluide
& concentré.

Voici les circonstances qui méritent d'être observées dans cette opération.

1° On aura peine à concevoir que
le soufre contienne une aussi grande
quantité d'eau que celle qu'on en tire
par cette opération, vu que M. Homberg en a tiré un poids égal à celui
du soufre qu'il y avoit employé : ainsi
les deux onces & demie de terre fixe
étoient encore par-dessus.

2° Il n'est pas difficile de sentir qu'il
y avoit de l'eau qui étoit incorporée
avec l'huile distillée. Mais, comme dans
cette opération cette eau s'est séparée
de la graisse avec laquelle elle étoit
précédemment très-intimement combinée, au point de n'être pas plus miscible avec l'huile que de l'eau ordinaire, & de rester au fond, ce phénomene est très-digne d'attention.

3° Cette huile, qui auparavant étoit

volatile & ténue devient une substance
d'une consistance plus épaisse, d'une
couleur plus foncée, & qui ne s'évapore plus, même au degré de l'eau
bouillante.

4° Une grande partie de cette huile
devient pesante, d'une couleur d'un
brun noirâtre, & demande pour se
mettre en mouvement un feu presqu'assez fort pour rougir les vaisseaux.

5° On ne peut découvrir ce qu'a
pu devenir le soufre qui pesoit plusieurs onces.

De toutes ces circonstances, il faut
conclure que c'est l'acide abondant,
contenu dans le soufre, qui donnoit son
essence à cette quantité considérable
de terre fixe, d'autant plus qu'il n'est
pas possible de l'attribuer à la partie
inflammable, tant du soufre que de
l'huile, vu que, de quatre onces d'huile
converties en eau, il y en a deux
onces & demie qui se sont changées,
non-seulement en un corps solide, mais
encore en une substance terreuse fixe
au feu; ce que personne n'auroit pu
imaginer.

Mais avant d'expliquer comment

dans ces expériences, l'acide se convertit en terre, j'ai encore quelques remarques à faire sur le sentiment de M. Homberg, qui ont été omises antérieurement. Ce sçavant a cru que la substance terreuse, obtenue de cette façon, pouvoit avoir été sous la même forme sous laquelle elle se montre dans la combinaison du soufre, c'est-à-dire dans l'état d'une terre fixe au feu. Il l'a réduite de deux onces & demie, jusqu'à une once & demie, à l'aide du miroir ardent ; & l'once, qui y manquoit, s'étoit dissipée en fumée. Cependant cette once y étoit ; & ce qui est resté n'a souffert aucune altération, & a conservé la même forme que les deux onces & demie : or, si, dans quatre onces de soufre, il y avoit deux onces & demie d'une pareille terre fixe, il seroit inconcevable que l'once & demie eût pu, dans cette expérience, tellement volatiliser une aussi grande quantité de terre fixe, même par sa combinaison intime, que le soufre ordinaire, sans le contact de l'air extérieur.

Quant à la dissipation causée par le

miroir ardent, il paroît que M. Homberg s'est trompé dans les idées qu'il
s'en est formées, vu que ce feu produit les mêmes effets sur d'autres substances ; ensorte que je soupçonne
qu'en appliquant convenablement le
même feu, on auroit pu dissiper pareillement en fumée l'once & demie
restante, comme cela arrive avec le
fer & le cuivre préparés d'une façon
très-aisée.

Le procédé, dont on a souvent
parlé, qui consiste à faire du soufre
par art, & à le décomposer, prouve
assez, que la supposition d'une partie
purement terreuse dans le soufre n'est
point vraie, mais que c'est l'acide vitriolique, qui en fait la plus grande
partie, combiné avec une très-petite
quantité de phlogistique très-délié.
Toutes les propriétés du soufre, telles que son inflammabilité, sa volatilité, son acide, tant grossier que subtil, sa disposition à se combiner avec
les métaux, le vitriol qu'il forme au
feu le plus doux, enfin sa détonation avec le nître, ne nous montrent
acunes traces d'une substance terreuse,

C'eft ce que prouve fur-tout fa détonation avec le nître, & fon changement total en une liqueur la plus
volatile que l'on puiffe imaginer.

Ainfi il faut conclure que la grande
quantité de terre, obtenue dans l'expérience précédente, ne peut venir que
de l'acide du foufre, de même que,
dans l'autre procédé elle vient de
l'huile de vitriol qui a été employée.

CHAPITRE XXXV.

Autres Preuves que la combinai-
fon de l'acide vitriolique avec
une huile produit du foufre
& une terre colorée.

VOICI mes idées fur la façon
dont cet effet s'opere. Je regarde
l'acide vitriolique, comme une combinaifon très-fubtile d'une terre très-
déliée avec des molécules d'eau. Les
huiles font pareillement une combinai-

O iv

son de particules aqueuſes & de particules inflammables. Ces dernieres ſont
d'une nature plus ſéche, comme le
prouvent leur prompt changement en
ſuie, leur fumée, leur diſſipation à l'air
libre, & leur peu de diſpoſition à s'u-
nir avec l'eau. Mais, comme perſonne
n'ignore l'incompatibilité de la combinaiſon intime de l'huile avec l'eau,
je penſe que, dans le cas dont il s'a-
git, par la longueur du tems, & à l'aide
de la chaleur & le travail conſtant
de l'huile avec la combinaiſon acide,
le peu d'eau contenue dans cet acide
eſt détaché peu-à-peu ; & de cette
maniere la terre de ce même acide eſt
dégagée & forcée de ſe montrer.

Mais, comme beaucoup d'autres expériences, qui donnent du ſoufre, nous
prouvent pareillement que la partie inflammable, terreuſe & ſolide des huiles, ſe combine aiſément, tant avec l'a-
cide vitriolique pour former du ſoufre
avec lui, qu'avec les métaux, la même
choſe arrive dans l'expérience en queſtion, c'eſt-à-dire que le phlogiſtique de
l'huile, qu'on a employée, s'attache d'a-
bord proportionnellement à la ſubſtance

qui eſt encore acide ; mais, par la ſuite,
l'huile ſurabondante enleve à cet acide
ſon eau : ainſi ces deux combinaiſons
étant terreuſes à la fin, l'acide vitriolique donne une grande quantité de
ſubſtance terreuſe ; & le phlogiſtique
donne une couleur noire à cette terre
fixe qui reſte.

L'expérience, faite depuis pluſieurs
années par Boyle, par laquelle on
voit que l'on forme du ſoufre véritable, en combinant l'huile de térébenthine avec l'acide vitriolique, prouve
que ce que je dis n'eſt pas une conjecture, mais une réalité. Ce qui confirme encore plus mon ſentiment, c'eſt
que, dans cette expérience dans laquelle
on emploie l'huile de vitriol, le ſoufre ſe forme d'abord à l'aide de la digeſtion ; & enſuite l'eau eſt enlevée
à l'acide vitriolique, qui eſt entré dans
la combinaiſon du ſoufre ; &, conjointement avec la ſubſtance ſolide & ſéche du phlogiſtique qui a été attaqué,
elle forme la terre noire, dont il a été
parlé. Cette expérience pourroit ſe
faire d'une façon moins diſpendieuſe,
ſi, au lieu d'employer l'huile de vitriol,

O v

on la faifoit fimplement avec le foufre ordinaire.

Cela prouve évidemment la vérité
du principe de Beccher qui dit que
l'acide vitriolique, qui au fond eſt un
acide du ſoufre, eſt d'une nature terreuſe ; &, quoique l'opération ſoit difficile & longue, elle démontre clairement aux yeux, & même dans la main,
le dégagement ſubit du phlogiſtique
des huiles ſous une ſemblable forme,
ſéche ; ce qui appuie le ſentiment de
Beccher & ce qui prouve ſa préſence
dans la combinaiſon de l'acide nitreux.

Nous avons encore un principe de
Beccher, d'après lequel on peut démontrer un ſemblable principe terreux
dans les autres combinaiſons ſalines.
Chacun pourra s'en aſſurer par ſa propre expérience. Il reſte encore un autre procédé pour décompoſer ſur le
champ les combinaiſons ſalines ; c'eſt
ce que Kunckel a indiqué en peu de
mots, lorſqu'il parle de l'édulcoration
philoſophique. Chacun décidera ſi ſon
procédé, quoique plus pénible, n'eſt
as plus c air & plus à couvert d'er-

reurs & de soupçons, lorsqu'il aura
essayé les deux moyens avec tout le
soin convenable.

Ce qui vient d'être dit paroît suffire
pour donner une idée nette de la nature
des combinaisons salines, & de celle
de chacun des différens sels, en raison de leur origine, de leurs propriétés & de leurs rapports avec beaucoup d'autres substances, & enfin en
raison de leur décomposition. Il est
sans doute très-louable de donner au
public même des expériences isolées ;
mais il faut de l'habileté pour les décrire clairement & pour faire voir leur
liaison, &c.

CHAPITRE XXXVI.

*De la force des Sels dans leur
action sur les différentes substances. Réflexions sur la
Chrysopée.*

POUR terminer ces réflexions sur
les forces comparées des sels qui
agissent sur un même corps, ou sur des
corps différens, j'ai encore deux remarques à présenter.

Premiérement, il faut examiner la
différence qui se trouve entre une dissolution faite sans soin, ou avec une
une attention legere, & celle qui se
fait avec du tems, des précautions,
& même à l'aide de la chaleur & de
la digestion; ce qui produit dans les
dissolutions, pour la quantité & la
qualité, des circonstances inattendues.

Secondement, il faudroit encore
examiner les variations qui arrivent

dans ces diſſolutions , leſquelles ſe font avec ou ſans le contact de l'air , & voir de quelle nature ſont les ſub-ſtances qui s'échappent , lorſqu'on ne fait pas ces diſſolutions à l'air libre , en tâchant de les retenir par des moyens convenables ; c'eſt ce que ſemblent indiquer Bécher & Kunckel , dont le dernier fait paſſer ces ſubſtances pour des *eſprits métaliques* , & leur attribue tous les effets , vrais ou faux , dans les travaux de la gradation.

Ce n'eſt pas que je veuille favoriſer perſonne dans ſes idées de chryſo-pée ; mais je cherche à conduire à la découverte de la vérité ; ce qui a tou-jours été mon ſeul but dans mes travaux chymiques. Quant à la découverte de la pierre philoſophale , pour expliquer nettement ce que je penſe , je dirai , comme je l'ai déja fait dans mon *Spe-cimen Becherianum* , que je crois que l'on peut opérer , de plus d'une ma-niere , une décompoſition intime des métaux imparfaits , par laquelle leurs parties ſont altérées de maniere à ne plus conſtituer le même métal que leur combinaiſon formoit auparavant , &

que ces parties ainsi parfaitement féparées, quand même on les effayeroit
chacune à part, ne peuvent plus re-
prendre la même forme, ni avoir les
mêmes effets *in quantitate & quali-
tate*; ce que perfonne ne peut nier.

L'expérience nous prouve encore
que ces parties, ainfi féparées, &
fur-tout celles qui montrent le moins
de fubftance terreftre, groffiere & vitrifiable, quand on fe donne beaucoup
de peine pour les combiner, les mêler, ou les incorporer avec des métaux
qui font moins fujets à changer, ou qui
font inaltérables, ne produifent point
fur eux d'effets vifibles, ni dans leurs
principes intimes.

Mais comme ces fortes d'opérations
exigent beaucoup d'exactitude & d'a-
dreffe, & demandent un tems, des
peines, des attentions qui furpaffent
de beaucoup les effets qu'on s'en promet, tout homme fenfé s'en abftien-
dra. On ne manquera pas de me dire
que s'il eft vrai que l'on foit une fois
parvenu à altérer ou améliorer une
combinaifon métallique par l'art, il
y a lieu de croire que l'on pourra par-

venir à éviter les dépenses & les longueurs , & à en tirer une utilité réelle.
J'avoue que ce feroit un grand secret ;
mais il s'agit de sçavoir s'il eſt poſſible
à trouver , & ſi quelqu'un eſt en droit
d'avoir aſſez de confiance dans ſes lumieres pour eſpérer de le découvrir.
D'après les expériences qui ſont par-
venues à ma connoiſſance , je crois
avoir les plus grandes raiſons pour
aſſurer qu'en cette matiere, la crédulité
& le ton affirmatif ſont cauſe de beaucoup de maux , comme une infinité
d'exemples le prouvent. Tous ces mo-
tifs me déterminent à détourner de leur
projet ceux qui voudroient ſe livrer à
ces ſortes de travaux , &c.

CHAPITRE XXXVII.

De la Différence des dissolutions.

JE vais donc continuer à faire quelques remarques sur les effets que produisent différentes substances salines. J'ai déja recommandé plus haut de faire attention aux différences causées par la longueur du tems, par le contact de l'air, par une digestion plus ou moins forte & continuée. J'en ai donné deux exemples sur le fer & le cuivre; le premier, dissous dans l'esprit de sel ou de nître; l'autre, dans l'esprit de sel; & dans la premiere expérience, j'ai encore employé de bon vinaigre distillé. J'ai mis en digestion les dissolutions de ces métaux, faites par l'esprit de sel, jusqu'à ce qu'il ne parût plus agir sur eux, en lui donnant du tems & de la chaleur; & j'ai trouvé que le dissolvant continuoit à diviser ou ronger le métal de plus en plus, & qu'une

partie de ce métal s'élevoit à la surface, & qu'une autre tomboit au fond.
Le fer se changeoit en un safran, ou
rouille jaunâtre ; le cuivre, en une
poudre blanche très-déliée : sur quoi il
faut considérer qu'il n'est pas à présumer qu'une pareille division ou corro-
sion s'opere simplement, parce que le
dissolvant écarte les unes des autres les
molécules déliées ; car, si cela étoit, le
métal décomposé ne seroit point changé
sensiblement, mais seroit divisé en une
poussiere pure, comme il arrive, lorsqu'on précipite le cuivre dissous par le
fer, ou l'argent par le cuivre.

Or la même chose n'arrive point
dans la dissolution dont il s'agit ; & les
deux métaux, dissous par ce dissolvant
ou par d'autres, ont changé leur forme
primitive ; & la poudre blanche, produite par le cuivre, se dissout de nouveau dans une grande quantité de nouvel esprit de sel ; mais il ne donne
plus de couleur brune au dissolvant,
qui pour lors devient vert.

L'eau régale dissout entièrement, &
avec une très-grande promptitude, le
safran de Mars formé, par la dissolu-

tion du fer dans l'eau-forte ; & le diffolvant prend une belle couleur d'un
beau jaune d'or. Mais fi ce fafran de
Mars jaune, ou même d'un gris de
de cendre, a été fait par l'addition du
vinaigre, ce qui fait difparoître la rougeur vive primitive, il a beaucoup
plus de peine à fe diffoudre de nouveau & entièrement dans l'eau régale
ou dans l'efprit de fel.

Il eft auffi très-remarquable qu'une
pareille diffolution, qui d'abord étoit
d'un rouge foncé comme un grenat,
finiffe par devenir claire comme de
l'eau, & dépourvue de couleur, lorfque le fafran de Mars eft tombé, &
qu'une diffolution faite, foit avec le
vinaigre diftillé tout fimple, foit avec
l'eau-forte feule, fe colore également
en rouge, ou que celle du fer ou
du fafran de Mars, faite avec l'eau
régale, devienne d'un jaune d'or.

Cela nous préfente deux réfléxions
à faire ; d'abord que, dans ces diffolutions, il s'opere des effets très-différens ;
il fe diffout plus de métal ; & ce qui en
a été diffous tombe enfuite ; des couleurs, qui s'étoient montrées, changent

disparoissent ; & d'ailleurs on trouve la différence entre les dissolutions ordinaires & les dissolvans simples ;

En second lieu, que la couleur d'un rouge vif ne vient point de l'addition du vinaigre, & n'est point un jeu de la nature ; car, si cette couleur étoit due au vinaigre, la dissolution devroit devenir rouge de plus en plus, puisque l'on prétend que ce vinaigre, mêlé avec les acides les plus concentrés, prend lui-même une couleur rouge à la longue, tandis que le contraire arrive dans l'expérience dont il s'agit, sur-tout lorsqu'on y ajoûte du fer ; ce qui devroit faire conserver au vinaigre sa couleur rouge, vu que le fer seul a coutume de produire cet effet.

Il y a même des moyens, si l'on opere avec attention, de donner, dès le commencement, une couleur rouge à la dissolution, ou de la lui faire conserver ; vu que, par un moyen très-simple, on peut la rendre d'un rouge de sang, & faire ensorte que cette couleur y reste & ne change point si aisément. Mais il seroit fasti-

dieux de s'arrêter sur ces minuties, v
que ceux qui se donneront la peine d
tenter l'expérience, y trouveront de
changemens curieux & de nouvelle
observations à faire. Ce que j'en d
n'est que pour faire voir avec quell
facilité il se fait des changemens, &
pour faire examiner les effets que pro
duisent chacune des substances ajoû-
tées, tant sur la couleur que pour l
dégagement des parties réellemen
différentes. Il est donc à propos d'y
regarder de près, pour s'assurer si cer
parties ne sont que déguisées parles dissolvans, en demeurant toujours la même
substance, c'est-à-dire du métal com-
plet, ou bien si ce sont des substances réellement différentes, & que la
décomposition a mises dans un nouvel état. Par-là on sera à portée de
juger à laquelle des substances salines,
que l'on aura employées, l'on devra
attribuer les effets que l'on aura remar-
qués, ou ce qui contribue le plus
à l'atténuation du métal ; & l'on
pourra découvrir ainsi les moyens de
pousser encore plus loin la décomposition.

Dans cette vue, on pourra continuer le procédé, en ajoûtant à ces
diſſolutions de l'acide vitriolique, avec
les précautions qui ont déja été annon-
cées, & dans de juſtes proportions,
afin de tenter la décompoſition ultérieure; de même que j'ai dit plus haut
qu'il falloit faire dans la diſſolution
faite uniquement par l'eſprit de ſel
marin, & dont la plus grande partie
s'eſt remiſe en vitriol : ſur quoi il faut
obſerver d'opérer avec ſoin & de ne
point trop ſe preſſer.

En s'y prenant de cette maniere, on
ſentira au moins la fauſſeté de ce qu'a-
vance Iſaac le Hollandois, lorſqu'il
dit que les anciens alchymiſtes ne ſont
parvenus à découvrir quelques-uns de
leurs ſecrets, ou à réuſſir dans leurs
expériences, que par des digeſtions
continuées ſans interruption pendant
beaucoup d'années, & même pendant
toute la vie. Il me paroît aſſez vraiſemblable que cet auteur, quelqu'il
ſoit, dans pluſieurs de ces aſſertions,
n'a pas tant eu en vue les pompeu-
ſes promeſſes ordinaires, aux alchymiſtes, que ſimplement une vérité d'ex-

périence, c'est-à-dire une *maturation*.
Il a prétendu que quelques métaux,
par une digestion longue & douce,
dans des menstrues convenables, pouvoient peu-à-peu être dégagés de
leurs parties grossieres ; ce qui fait que
leurs parties les plus pures s'unissent
plus étroitement & forment une combinaison plus solide , ou bien deviennent
susceptibles d'être pénétrés par d'autres métaux , & de former ainsi une
nouvelle combinaison. Ces considérations ont plutôt pour objet une connoissance vraiment philosophique des
vérités physiques , que les vues sor-
dides du gain.

En effet la chose est véritable , vu
qu'il n'est pas douteux que les métaux dissous dans toutes sortes de
menstrues éprouvent des changemens
très marqués , à l'aide d'une digestion
dont la durée leur soit proportionnelle ;
& l'on peut en conclure avec beaucoup de vraisemblance, qu'il s'est fait
une décomposition interne de leur combinaison : ainsi l'on ne peut décider
s'il est vrai , comme le dit le même
Isaac le Hollandois, que les chymis-

tes plus modernes & plus voisins du tems de la vieillesse, ont trouvé des moyens plus courts pour opérer la décomposition radicale des métaux, au moyen des menstrues, tandis que les anciens alchymistes ne se servoient que d'un seul dissolvant commun, qu'il nomme dans cet endroit ; ce qui étoit la cause de la longueur du tems qu'ils mettoient à leurs opérations.

Quoi qu'il en soit, il est certain que les dissolvans, soit simples soit composés, produisent des changemens sur les métaux : sur quoi je me contenterai de rappeller ici la substance qui se forme avec le tems, même dans un vaisseau bouché à la surface de la dissolution du fer, par l'acide nitreux mêlé avec l'acide du sel marin, auxquels on a joint du vinaigre distillé. Cette substance ressemble d'abord à de la graisse ; &, quoique la dissolution fût auparavant sans aucune couleur, cette substance ne laisse pas d'être d'un brun foncé. Mais, lorsque l'expérience se fait dans un vaisseau de verre non bouché, de maniere que la partie aqueuse s'évapore peu-à-peu, il reste à la fin une

ſubſtance qui n'eſt point brune & qui
ne reſſemble point à ce qu'elle étoit
auparavant, vu qu'on y voit des petits cryſtaux tranſparens, jaunâtres &
mal formés, &c.

De plus, lorſqu'on diſtille de l'eſprit de nître avec une quantité convenable de ſel marin, il arrive ſouvent que l'on trouve une ſubſtance
graſſe, qui nage à ſa ſurface, ſans parler de l'opération pénible par laquelle
Kunckel a obtenu une goutte d'huile
du fer : ſur quoi il faut pourrant obſerver que l'on aura bien de la peine
à croire que cette goutte unique d'huile
ſoit venue du fer lui-même, quoiqu'elle puiſſe s'être chargée de quelques particules très-déliées de ce métal.
Mais ce qui mérite réflexion, c'eſt que
Kunckel lui-même avoue que cette
expérience ne lui a réuſſi que la premiere fois, quoique les manuſcrits de
Saxe en parlent comme d'une opération connue de tout le monde, & in-
diquent le moyen de dégager cette
huile de ſa partie aqueuſe ſuperflue, au
moyen d'un philtre en pointe, &c.

Il y a encore à conſidérer ſur l'expérience

périence du cuivre diſſous par l'eſprit
de ſel, que la ſubſtance blanche, qui
eſt tombée, au bout d'un certain tems,
ſe forme d'abord à la ſurface, & y
ſurnage au point d'y former une pellicule qui monte aſſez haut dans le
verre, de la même maniere que la
partie graſſe, qui ſurnage viſiblement
au vin & que l'on appelle *des fleurs*,
& celles qui ſe forment ſur le vinaigre, qui quoiqu'elles ſe précipitent à la
fin, d'elles-mêmes, ou lorſqu'on ſecoue
la liqueur, ne laiſſent pas de donner à
la diſtillation une ſubſtance huileuſe, &
un charbon qui eſt ſuſceptible de s'al-
lumer.

Quoique ces circonſtances paroiſ-
ſent minutieuſes, elles nous montrent
l'attention qu'il faut donner aux divers
changemens qui ſe préſentent dans les
opérations ; &, pour ſe convaincre que
des faits journaliers ſont ſouvent capables de jetter plus de jour ſur la
chymie que des expériences bien re-
cherchées, l'on n'a qu'à faire réflexion
à l'enduit terreux, qui s'attache ſur-tout
aux vaiſſeaux de cuivre, dans leſquels
on a long-tems fait bouillir de l'eau

commune; ce qui nous prouve évidemment que des eaux qui font & qui demeurent long-tems limpides, lorsqu'on les conferve dans des vaiffeaux de verre, ou même lorsqu'on les fait bouillir dans des vaiffeaux découverts, ne dépofent pas, à beaucoup près, une quantité de terre auffi confidérable que lorsqu'on les fait bouillir dans des vaiffeaux couverts. En effet il n'eft point rare de voir fe former, en fix mois, un enduit terreux, de l'épaiffeur d'un chalumeau de paille, dans une bouilloire de cuivre, dans laquelle on fait journellement bouillir, trois ou quatre fois, de l'eau pour faire du thé.

Perfonne ne s'imaginera que cette terre ait voltigé fimplement dans cette eau ; mais on croira plutôt que cette terre étoit diffoute par quelque fel qui la tenoit en diffolution dans l'eau claire. Cependant il feroit auffi difficile de dire quel eft ce fel qui, par la feule ébullition, & fans même s'évaporer dans l'air, fe dégage de la terre qu'il avoit diffoute, que de rendre croyable la décompofition de la combinaifon faline.

Cependant, pour conduire à porter un jugement plus certain, je crois devoir présenter les observations qui sont à faire sur ces sortes d'eaux, & les phénomenes qu'elles présentent, lorsqu'on les examine avec attention. Quand on fait évaporer à une chaleur très-douce, ou au point de faire tiédir, ces eaux qui donnent beaucoup de dépôt terreux, il reste à la fin une substance saline, qui se dissout de nouveau dans un peu d'eau que l'on y remet, & qui, par conséquent, s'annonce comme un vrai sel.

Si l'on mêle ce sel avec de l'huile de tartre par détaillance, le mélange devient trouble ; & il tombe à la longue une substance terreuse très-fine, qui se dépose au fond, mais qui ne ressemble aucunement au dépôt pierreux qui se forme d'ailleurs : or il est aisé de découvrir par la crystallisation & par d'autres expériences connues la nature de l'acide qui, dans cette expérience, s'est combiné avec l'alkali.

L'on peut encore s'assurer promptement de la présence d'une substance

faline dans ces eaux qui forment des dé-
pôts, en y verfant quelques gouttes de
diffolution d'argent, qui, fur le champ,
devient laiteufe, & qui fe précipite
fous la forme d'une poudre blanche,
en entraînant avec elle une portion
de la fubftance faline, qui étoit contenue dans l'eau.

Le fel de Glauber pourroit nous
conduire à découvrir la caufe de ces
phénomenes. On pourra voir, tant dans
fa *Pharmacopée fpagyrique* que dans
les *Appendix*, ce que l'on doit penfer, foit de ce fel lui-même, foit de
l'efprit de fel qui en a été dégagé. Le
fait eft que lorfque ce fel eft ou diffous dans une eau limpide, ou cryftal-
lifé, fi on vient à l'évaporer jufqu'à
ficcité parfaite, ou même, fi on va
jufqu'à le faire rougir legérement, &
fi enfuite on remet de nouvelle eau
par-deffus, il fe forme une fubftance
terreufe, qui fait que l'on regarde cette
expérience comme un fecret pour convertir l'eau en pierre. Cependant au
fond tous ces changemens portent fur
ce que, par la longue coction de ces
fortes d'eaux, cette fubftance faline

rompt l'union de la partie terreuſe ſubtile d'avec la partie aqueuſe : par-là
ces molécules terreuſes , venant à s'a-
maſſer , ſe montrent ſous la forme
d'une terre ou d'une pierre.

« L'on peut rapprocher de cette expérience l'exemple du ſel marin dont
il a été parlé plus haut , qui , par ur e
cuiſſon forte & réitérée , ſe convertit
en une ſubſtance qui n'eſt plus ſaline ,
mais terreuſe. Mais , ſi l'on fait attention , combien la *forme d'huile* a d'a-
vantage dans ces ſortes d'expériences ,
& peut produire de bons effets , on
réuſſira encore plus ſûrement & plus
parfaitement ; & l'on conclura que
Beccher a eu grande raiſon de regarder les ſels comme une combinaiſon
intime de molécules de terre avec des
molécules d'eau.

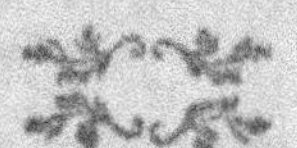

CHAPITRE XXXVIII.

Des Causes pour lesquelles différens Sels n'attaquent point également des Métaux divers.

CE qui vient d'être dit nous prouve que les substances salines contiennent quelque chose de terreux & d'une consistance séche, & que cette partie terreuse n'est pas la même dans tous les sels : cela nous conduit à examiner pourquoi les différens sels n'agissent point d'une façon uniforme sur les différens métaux.

En effet ils attaquent en général un métal en raison de l'analogie de la substance terreuse, qu'il contient, avec celle qui est contenue dans le sel lui-même ; ou bien ils s'y unissent plus ou moins fortement ; ou enfin, d'après la circonstance qui vient d'être indiquée, ils operent sur ce métal des effets très-

divers. C'est ainsi que l'acide vitriolique attaque le plus vivement les métaux qui contiennent le plus du principe terreux, & le moins du principe
mercuriel, comme on peut en juger
par leur poids; qu'il s'attache très-fortement à eux & ne s'en sépare que très-
difficilement, c'est-à-dire sous sa propre
forme, & en laissant au métal la sienne.
Cet acide montre les mêmes effets sur
les terres simples, comme on peut le
voir, lorsqu'on le combine avec la
craie, les cendres lessivées, & la
chaux.

Mais, comme ce même acide s'unit
aussi avec le plomb, l'argent, & même
avec le mercure, & sur-tout avec les
deux premiers, de façon à ne pouvoir point en être aisément dégagé,
il y a lieu de conjecturer que cela
vient de ce qu'il s'est fait une combinaison très-intime; & des expériences feront voir de plus, qu'une portion de ces sortes de métaux a subi un
tel changement, que, sans des additions convenables, on ne peut les remettre dans leur premier état. En effet on
voit que cet acide uni avec l'argent & le

plomb leur donne non-seulement une
consistance fluide, mais que le feu capable de fondre & de vitrifier les vaisseaux ne peut le séparer de ces métaux, & qu'il les fait entrer en fusion
plus promptement que le plomb ne
pourroit le faire tout seul.

Une expérience curieuse, & qui
mérite encore attention, c'est celle
de calciner le plomb par le moyen du
soufre ; d'y joindre ensuite de l'huile
de vitriol, & de la faire ensuite
évaporer très-doucement, ou de la
retirer par la distillation, & ensuite
de faire fondre le résidu à grand feu ;
ce qui dissout le creuset. Mais en le
retirant à tems, ou bien en recevant
ce qui fuit du creuset dans un autre
vaisseau, on obtient une substance parfaitement semblable à la mine de plomb
ou galène, à l'exception de la différence produite par cette fusion violente.

Bien plus, on donne pour un fait
certain, dans un manuscrit dont on a fait
jusqu'ici un grand mystere, que l'a-
cide vitriolique donne à l'argent une
forme semblable à la *marcassite* ou à
l'antimoine, par où j'entends le bis-

muth & le régule d'antimoine; ce qui se fait par la réduction avec de la potasse, qui pourtant d'ordinaire, quand on l'applique convenablement, & dans une quantité suffisante, rend la forme naturelle à l'argent, & le dégage de l'acide vitriolique ou de l'acide du sel marin avec lesquels ce métal étoit combiné.

Kunckel a très-bien observé que le même acide vitriolique se combine si fortement avec le mercure, que l'on ne peut plus l'en séparer totalement.

On auroit encore des raisons pour croire que les acides du nître & du sel marin font la même chose : ces acides n'agissent & n'attaquent qu'en raison d'une certaine proportion de quelques-uns des principes qui entrent dans leur composition ; ce qui vient de l'analogie qui se trouve entre quelques-unes des parties subtiles contenues dans ces acides, comme le prouvent quelques observations fondées sur l'expérience.

En effet on voit que l'acide nîtreux agit principalement sur les métaux qui contiennent visiblement beaucoup de phlogistique ; &, lorsque ce principe leur a été enlevé, il n'agit plus sur eux ; & même, dans l'étain & le régule d'antimoine, cet acide n'agit sur aucune des autres parties qui les composent ; ou du moins, s'il les détache, il les laisse retomber : il produit le même effet sur le fer dont il ne fait que ronger une grande quantité sans le dissoudre. Il produit sur le mercure un effet très-singulier, qui est qu'étant enlevé d'avec lui à plusieurs reprises par la distillation, non-seulement il lui laisse une couleur rouge ; mais encore il lui demeure si fortement uni, que, contre sa nature, il résiste à une chaleur assez forte : sur quoi il faut faire attention à ce que dit Kunckel sur un *Mercure précipité fixe*, tiré d'un autre auteur qu'il cite, & dont il adopte le procédé, en disant qu'il n'a point de remarques à y faire.

Il paroît à présumer que l'acide du sel marin n'attaque les métaux que par leur principe mercuriel. Il est sûr qu'il agit sur le mercure, plus fortement que les autres acides, comme le mercure

sublimé le prouve évidemment. En
changeant l'argent en lune cornée,
il produit l'effet remarquable de rendre ce métal fixe d'ailleurs, si volatil
qu'il se dissipe entiérement en fumée.
On voit encore son affinité avec le
mercure, en ce que, lorsqu'il a été diffous dans l'acide nîtreux ou même
dans l'acide vitriolique, l'acide du sel
marin l'en dégage pour s'unir avec lui,
tandis que même, dans les alkalis fixes,
ces autres acides ont la préférence sur
lui.

Il faut conclure de tout cela, avec
assez de vraisemblance, comme on l'a
dit plus haut, que les sels acides s'u-
nissent, à la vérité, facilement avec toutes les substances terreuses subtiles,
mais qu'ils s'unissent aux corps ainsi
composés, plus ou moins fortement, &
produisent sur eux des changemens,
pour la couleur & la saveur, en raison
de l'analogie des principes que ces sels
renferment eux-mêmes.

Il faut encore remarquer, sur la force
des acides, que l'acide nîtreux, par
exemple, combiné avec un alkali,
de la craie, de la chaux, des yeux

d'écrevisses , des coquilles d'huitres
ou d'œufs , est tellement émoussé &
amorti , que l'on n'y découvre plus aucune acidité , relativement au goût &
aux autres effets. La même chose lui
arrive avec le plomb : avec le fer il
prend un goût astringent , mais il est
très-peu corrosif ; ce qui lui arrive
aussi avec le cuivre. La dissolution de
ce dernier métal , par le vinaigre ou le
tartre , a plutôt le goût de ce métal
que du dissolvant.

D'un autre côté , l'acide nîtreux
combiné avec l'argent est très-actif
& très-fort , tandis que l'on ne voit
point cette qualité dans l'argent pur :
combiné avec le mercure , il a pareillement une force que ne montre point
cette substance métallique toute seule.

Il est évident que la raison , pour
laquelle l'acide du sel marin est si corrosif dans le mercure sublimé , vient
de ce qu'il s'attache à ce demi-métal
plus de cet acide qu'il n'en faut pour
sa saturation , au point qu'il y est en
assez grande abondance pour saturer
une quantité de mercure égale à la
première ; ce qui produit le *mercure*

dulcifié. Cette furabondance de l'a-
cide du fel marin rend vraifemblable la grande analogie de ce fel avec
la combinaifon interne du mercure.

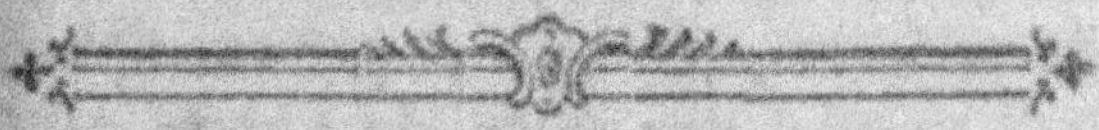

CHAPITRE XXXIX.

De l'Efferveſcence & du Gon-flement qui accompagnent les diſſolutions chymiques.

IL nous reſte encore à examiner le
gonflement & l'efferveſcence qui
accompagnent les diſſolutions faites
par les acides. Cette efferveſcence eſt ce
que Van-Helmont appelle *gas*, & ce
que Kunckel nomme *fulmen*.

Il eſt eſſentiel, avant que de parler
d'un objet, d'embraſſer toutes ſes circonſtances : cela poſé, examinons celles
qui accompagnent ces ſortes d'efferveſcences. Lorſque l'on combine des
acides avec des terres ſolubles, ou avec
des ſels alcalis, il ſe fait une écume ſi

confidérable, que le mélange s'éleve au-deſſus des bords, quand on le fait dans un vaiſſeau peu élevé. Il eſt aiſé de voir que ce gonflement vient de la dilatation de l'air ; & , pour avoir une idée de ſa force, l'on n'a, par exemple, qu'à mettre une once de bonne eau-forte dans une bouteille de pinte, & y placer un morceau de fer d'environ deux gros : que l'on bouche exactement la bouteille, ce qui doit ſe faire promptement & avec précaution, de peur d'accident, l'efferveſcence aura la force de briſer le verre.

Si l'on met une demi-dragme d'eau-forte dans un flacon très-fort, qui n'ait que quelques lignes de hauteur ; que l'on y adapte un bouchon de cire, au bout duquel on attache un morceau de potaſſe pure, de la groſſeur d'un pois ; que l'on place ce bouchon ſur l'ouverture du flacon ; que l'on renverſe le flacon de maniere que l'eau-forte touche la potaſſe, l'homme le plus fort, en mettant ſes deux pouces ſur le bouchon, ne pourra empêcher que la violence du gonflement n'écarte ſes pouces, pour donner paſſage à l'air.

Si l'on disposoit une grenade de fer de façon à fermer son ouverture avec une vis & un morceau de peau humectée ; en introduisant dans cette grenade une petite bouteille qui contiendroit environ une once d'eau-forte bien déphlegmée , & en jettant la grenade avec assez de force pour casser la bouteille qu'elle renferme , l'effervescence seroit assez vive pour briser la grenade en morceaux.

Si l'on prend de l'esprit de nître très-affoibli , ou si l'on étend une once de ce même esprit dans six onces d'eau commune distillée ; qu'on verse ce dissolvant sur un petit morceau de fer , d'environ deux gros , dans un matras tenant six pintes ; que l'on bouche sur le champ le matras , & qu'on le plonge bien avant dans de l'eau très-froide , la dissolution se fera très-doucement ; & le matras ou ne se brisera point du tout , ou du moins ne fera que se fêler ; le tout à proportion que l'acide nîtreux aura été plus affoibli. Mais l'on verra toujours , d'une façon sensible , qu'il s'attachera aux parois du vaisseau des bulles d'air , formées par les vapeurs qui s'élevent, & qui se résolvent en eau pour retomber.

De plus, il est évident que cette vive effervescence a lieu, en combinant les acides avec des terres ou avec des sels alcalis. Cependant on remarque une différence notable entre les dissolutions métalliques. Par exemple, une même eau-forte, qui dissoudra, avec très-peu d'effervescence, le plomb ou le mercure, fera une effervescence très-forte avec l'argent, & même avec le cuivre, plus vive encore avec l'étain, le régule d'antimoine & le fer ; &, la plus forte de toutes, avec le zinc.

Il faut encore observer que, dans la préparation du beurre d'antimoine, on ne remarque aucun signe d'effervescence, lorsque l'acide du sel marin quitte le mercure sublimé, pour s'attacher à la partie réguline de l'antimoine. Bien plus, lorsqu'on précipite avec des lames de cuivre une dissolution d'argent non étendue dans l'eau, & encore plus lorsqu'elle a été précédemment étendue, il ne se fait pas non plus la moindre effervescence, quoiqu'alors l'eau-forte dissolve le cuivre de la même

maniere que lorsqu'on l'y met tout simplement. La même chofe arrive dans
toutes les diffolutions métalliques, dans
lefquelles on place un autre métal.

Il eft remarquable que l'or fur-tout,
mis dans une eau régale, qui n'eft point
trop forte, fait, durant fa diffolution,
une effervefcence beaucoup moins vive,
fi on la compare à celle que font les
autres métaux.

Sur quoi il eft bon de faire attention
que l'eau-forte fur-tout s'échauffe fen-
fiblement, lorfqu'on la joint aux métaux avec lefquels elle fait la plus vive
effervefcence.

De plus, fi l'on diffout le fer par un
fel alcali, fuivant la méthode que j'ai
indiquée, il y a déja long-tems, & fi
on le précipite enfuite avec du vinaigre ou de l'urine récente, ce qui produit un fafran de Mars très-délié ; en
mettant ce fafran dans de l'eau-forte,
elle le diffout fans aucune effervefcence.

De même fi l'on fait diffoudre, jufqu'à faturation, du cuivre dans de l'efprit de fel, & qu'on le verfe dans une
diffolution d'argent, l'acide du fel s'u-

nit avec l'argent , & l'acide nitreux
s'unit au cuivre , en un inſtant , ſans
que l'on remarque la moindre efferve-
cence.

Si l'on verſe peu-à-peu , & avec
précaution , de bon eſprit-de-vin ſur
un acide affoibli , de façon qu'il y en
ait à l'œil autant que d'acide; ſi l'on y
met enſuite peu-à-peu quelque ſubſtance ſoluble , on remarquera viſiblement qu'il ſe fera des bulles plus groſ-
ſes , & en plus grande quantité dans
l'acide. Mais, lorſqu'elles atteignent
l'eſprit-de-vin , elles diſparoiſſent , ou
deviennent plus petites.

Ces efferveſcences ont lieu non-
ſeulement dans la combinaiſon des
acides avec des ſubſtances terreuſes ,
métalliques & ſalines , mais encore dans
leur combinaiſon avec les huiles diſtillées , & même avec l'eſprit-de-vin ,
lorſque ces acides ſont concentrés.
Cette efferveſcence eſt très-vive , &
accompagnée de chaleur , lorſqu'on
mêle de l'acide nitreux avec l'huile de
térébenthine. L'on s'expoſe même à des
dangers évidens , en mettant dans une
cornue très-ample & chauffée , au-delà

d'une quantité donnée de beurre d'antimoine récent, ou même d'huile de vitriol bien rectifiée, & en y ajoûtant environ autant d'esprit-de-vin, non en poids, mais en volume. Ce n'est pas que je conseille à personne de faire cette expérience, vu qu'elle est dangereuse ; mais c'est pour avertir ceux qui voudroient répéter ces procédés de mettre peu à-peu, & en très-petite quantité, les acides concentrés dans une grande quantité d'esprit-de-vin, & de donner à cette opération tout le tems qu'elle demande. En s'y prenant de cette maniere, & en ne se pressant point, on réussira à combiner parfaitement ces substances, sans aucune effervescence.

Il se fait aussi une effervescence accompagnée de chaleur sensible, quand on mêle de l'esprit-de-vin bien rectifié avec du vitriol calciné jusqu'à rougeur. L'eau commune elle-même s'échauffe avec ce vitriol ; &, quand on le mêle sans précaution avec de l'huile de vitriol, on risque de briser les vaisseaux.

De nos jours, on a voulu expliquer ces phénomenes par le systême de Descartes. Quelques-uns les attribuent à

l'air renfermé dans ces substances
d'autres en font honneur à la matier
éthérée Cartésienne, quoiqu'à regarde
de près le systême de l'auteur, cette
derniere matiere ne soit point susceptible de se dilater.   D'un autre côté,
il est difficile de concevoir qu'une quantité d'air , aussi grande que celle qui se
montre dans les effervescences de cette
espece , ait pu être renfermée dans ces
substances terreuses ou acides.

Pour s'assurer de la force de ces effervescences , que l'on prenne deux
vessies de bœuf ; qu'on les amollisse ou
qu'on les rende souples avec de l'huile,
qu'on les adapte , de maniere que l'une
entre par le col de l'autre ; que l'on
mette dans la vessie inférieure un morceau de papier , dans lequel on aura
enveloppé environ une demi-once
de limaille de fer ; que l'on torde ces
vessies pour en faire sortir l'air autant
que l'on pourra ; que l'on attache avec
de la poix ou de la cire celle de des-
sous sur un matras de verre , dans lequel on aura mis deux onces d'eau-
forte ; que l'on détorde la vessie , afin
que le papier rempli de limaille y tombe.

On aura soin de faire cette opération à l'air libre, & de se mettre à l'écart : l'on pourra même employer un plus grand nombre de vessies, si deux ne suffisent pas ; & l'on pourra juger de la quantité d'air contenue dans la limaille & l'eau-forte. Si on laisse l'appareil quelque tems en repos ; si l'on considere combien de tems cet air prétendu demeure dans cet état d'expansion, on sera forcé de ne point attribuer cet effet à l'air seul.

Si l'on veut faire cette expérience encore mieux, on n'aura qu'à prendre une bouteille à long col, ou un tube sans boule ; on y placera un baromètre, de maniere qu'il ne touche point le fond ; que l'on verse une once d'eauforte dans le tube, & que l'on y mette des fils, ou cordes d'instrumens d'acier, proportionnés à la longueur de ce tube ; qu'on le bouche avec de la vessie mouillée de salive qu'on fera sécher aussi promptement qu'on pourra ; que l'on observe alors de combien le baromètre montera. On pourra mettre dans le tube beaucoup moins d'une once d'eau-forte, en quoi chacun con-

fultera fa prudence ; qu'on laiffe le
tout quelques jours en repos , pour voir
fi cet air s'affaiffera , & fi le baromètre
baiffera.

Que devient donc cet air , ainfi que
dans l'expérience où l'on a dit que le
cuivre s'uniffoit à l'eau-forte dans la
diffolution de l'argent ? Si , par exemple , on fait diffoudre du verd-de-
gris dans de bon vinaigre diftillé , que
l'on déphlegme la diffolution , & qu'on
y ajoûte un peu d'eau-forte , celle-ci
attaque le cuivre , & s'unit avec lui ,
mais fans aucun gonflement ni effervefcence , quoique le cuivre n'ait point
changé de nature , c'eft-à dire , foit le
même que celui que l'on précipite par
le moyen du fer.

On pourroit encore , s'il étoit néceffaire , citer plufieurs autres exemples
pareils : je me borne à celui-ci. Si l'on
verfe de l'efprit de nître concentré fur
du fel marin , on fçait qu'il fe fait une
effervefcence confidérable , fur-tout fi
l'on chauffe le mêlange ; au lieu que
fi l'on unit du fel marin diffous , ou fec ,
dans une diffolution d'argent , on ne
remarque aucun mouvement. Cepen-

dant il est certain que, dans cette expérience, l'acide nîtreux s'unit très-
promptement avec l'alcali du sel marin,
tandis que l'acide de celui-ci s'unit à
l'argent.

Sans m'arrêter plus long-tems sur
cette matiere, je dirai seulement qu'il
y a deux manieres d'envisager ces phénomenes. Il faut d'abord examiner
quelle est, dans ces combinaisons, la
substance qui est la plus susceptible de
se dilater ; en second lieu, comment
cette énergie est mise en action.

Quant à la premiere maniere, il est
certain, & l'exemple de la suie legere ou
même du charbon en poudre le prouve,
que le principe inflammable n'est point
susceptible d'une pareille expansion. Il
est évident que le principe terreux n'en
est pas plus susceptible ; au lieu que
tout le monde sçait que l'eau est dis-
posée à cette expansion en vapeurs, au
point de se dilater par la chaleur, incomparablement plus que l'air le plus
épais.

Cependant il ne faut point perdre
de vue que le principe inflammable, &
même le principe terreux, quand ils

font bien atténués , & bien combiné[s]
avec l'eau , rendent l'eau plus fufcep[-]
tible d'une expanfion femblable à cel[le]
de l'air , & la mettent plus à portée d[e]
demeurer dans cet état , qu'elle n'[y]
eft par elle-même.

C'eft ce qu'on voit par l'efprit-de-
vin le plus rectifié , & par les huiles ef-
fentielles les plus pures, dans lefquelle[s]
il y a beaucoup de parties aqueufes ,
& qui fe diffipent invifiblement dan[s]
l'air , beaucoup plus promptement que
l'eau , fur-tout à l'aide de la chaleur l[a]
plus legere.

On voit auffi la même chofe dan[s]
l'acide fulfureux ou vitriolique volatil,
ainfi que dans l'efprit de nître fumant,
& dans l'efprit de fel.

Cela pofé , l'on voit que le bouil-
lonnement , ou l'effer'vefcence dont i[l]
s'agit ici, n'eft dûe qu'à l'eau qui eft contenue dans ces fortes de combinaifons ;
& , en comparant les expériences, on
trouvera toujours que plus il entre de
parties aqueufes dans les mêlanges ,
plus l'effervefcence fera forte.

Pour s'en convaincre , on n'a qu'à
remarquer la différence qui fe montre,
lorfqu'on

lorsqu'on diſſout du vitriol ordinaire, &
de la potaſſe, dans une quantité d'eau,
qui n'excede pas ce qu'il faut pour leur
diſſolution ; ou même l'on n'a qu'à
employer pour cela de l'huile de tartre
par défaillance, & l'on fera le mêlange
à froid : le mêlange, qui étoit fluide
comme l'eau, prendra une conſiſtance
épaiſſe comme de la bouillie, qu'elle
conſervera aſſez long-tems ; mais on ne
remarquera aucune efferveſcence. Cependant l'acide du vitriol ne laiſſe pas
de ſe combiner avec autant d'alcali
qu'il peut en tenir.

Mais, ſi l'on ajoûte à ces ſels diſſous
une quantité d'eau, double de la premiere, il ſe fait un gonflement & une
efferveſcence ſi conſidérables, que le
mêlange paſſe par-deſſus les bords du
vaiſſeau, & qu'un vaiſſeau de verre
en ſeroit briſé, ſi on s'aviſoit de le
boucher.

On voit encore clairement qu'il ne
ſe fait aucune efferveſcence dans les
cémentations, dans leſquelles on applique des ſels ſecs & concrets à des
métaux qui ſe diſſolvent communément
avec efferveſcence. Dans ces opéra-

tions, les sels n'ont que l'eau qui leu
est intimement combinée, & ne conservent que celle qui ne s'est point attachée à la substance qu'on leur joint

Enfin, pour montrer que c'est à l'eau
que l'effervescence est dûe, faut-il une
preuve plus forte que la façon don
les acides s'élevent dans la distillatio
sous la forme de vapeurs & de nuages
qui ont beaucoup de peine à se résoudre
en eau, lors même que l'on met de
l'eau dans le récipient qui les reçoit
C'est encore ce que prouve d'une fa
çon claire l'acide nîtreux volatil, don
Kunckel parle dans ses premieres Observations, qui ne prend jamais de
forme fluide.

Ce qui vient d'être dit est donc la
réponse à la question par laquelle on
demande quelle est la substance susceptible de se mettre en expansion, ou de
faire effervescence. Quant à celle qu
peut causer cette effervescence, c'es
une question qui n'est pas plus du res
sort de la chymie, que la cause de
différentes figures des atômes. L'examen de ces choses appartient à la physique, en tant qu'on voudra la di

ūnguer de la chymie. En général, on peut attribuer l'effervescence à un mouvement très-rapide dans les fluides, qui est encore augmenté par la chaleur. Cependant la question principale sera toujours de sçavoir ce qui met si promptement en mouvement, & avec tant de force, les molécules susceptibles d'expansion, & ce qui les fait agir d'une façon si subite? &c.

CHAPITRE XL.

Autres Réflexions sur cette effervescence, fondées sur la comparaison de la substance terreuse des Sels.

JE ne prétends donc point résoudre la derniere question : cependant je suis persuadé que les autres remarques & expériences, que j'ai faites à ce sujet, peuvent avoir quelqu'utilité, sur-tout si l'on compare à cette propriété de

faire effervescence la nature terreuse,
que l'on peut démontrer dans les substances salines , qui devroit empêcher
leur gonflement.

Je crois cependant avoir des raisons
légitimes pour joindre ici quelques nouvelles remarques sur l'expérience de
M. Homberg sur le soufre , par laquelle
la plus grande partie de l'acide , qui y
étoit contenue , est mis dans l'état d'une
terre. Il avoit employé quatre onces
de soufre, qui lui ont laissé deux onces
& demie d'une substance noire & terreuse. Ayant exposé ce résidu , dans un
creuset , à un feu violent , animé par
le soufflet , il en partit d'abord une
odeur un peu sulfureuse, & ensuite il
n'apperçut plus rien , quoique cette
substance eût perdu considérablement
de son poids.

Si l'on vouloit répéter ce procédé,
le moyen le plus commode seroit de
mettre cette terre noire , après en avoir
totalement dégagé tout ce qui paroît
gras , dans une cornue bien lutée , &
de distiller à grand feu , & pendant
long-tems , pour être à portée d'examiner la portion de l'acide vitriolique,

qui auroit encore pu rester avec la partie inflammable, vu que l'on peut conjecturer que M. Homberg ne s'est servi
que d'une cornue de verre, mise pro-
bablement au bain de sable, pour dégager la partie grasse ou résineuse, jusqu'à ce qu'il ait obtenu son résidu
noir ; degré de chaleur qui ne pouvoit suffire pour faire passer entièrement l'acide pesant qui y étoit encore
contenu ; circonstance qui doit être
remarquée par tout chymiste intelli-
ligent.

Je remets encore de nouveau sous
les yeux du lecteur l'observation qui a
été faite, que cette matiere séche,
déja propre à soutenir un feu très-
violent, & qui n'avoit plus les caracteres du soufre, pesoit deux onces &
demie, & que, par conséquent, il y
avoit une très-petite quantité de la
matiere inflammable dans la matiere
résineuse brune, que M. Homberg a
regardée comme une huile ou une
graisse, & qu'il a prise pour la vraie
substance du soufre, ou pour le *soufre
du soufre*, selon son expression ; tandis
que parmi les quatre onces de la li-

queur aqueuse , qui eſt venue d'abord ,
il a trouvé trois gros & quatorze grains
d'un acide vitriolique , qui , ſur la fin ,
étoit très-concentré , ſans compter ce
qu'il préſume encore, par la ſuite, avoir
été extrait de la partie réſineuſe noire ,
par le moyen de l'eſprit-de-vin ; circonſtances qui méritoient d'être dûement examinées.

Comme ce n'eſt point de la portion
de terre contenue dans les ſubſtances
ſalines acides que vient leur effervel-
cence , il eſt bon d'obſerver , ſur ce
que Kunckel appelle *fulmen* dans ſon
Laboratoire chymique , que ce phénomene n'eſt dû qu'à une violente efferveſcence, & que , pour briſer un vaiſſeau de verre , il ſuffit que l'eſprit-de-
vin ſoit trop fortement échauffé & même
la chaleur du fumier eſt capable de produire cet effet.

CHAPITRE XLI.

*Remarques utiles & nécessaires
sur les Procédés chymiques.*

NOus avons jusqu'ici présenté les
remarques les plus importantes
sur les trois acides les plus forts ; ainsi
je m'en tiendrai-là , en ajoûtant néanmoins une observation utile & vraie de
Langelot ; qui, en parlant de quelques
manipulations trop négligées par les
chymistes modernes, met avec raison
dans ce nombre la longue digestion ,
dont on ne fait point assez de cas. En
effet, elle est non-seulement utile pour
saturer & achever les dissolutions ; mais
encore elle présente des phénomenes
que l'on n'apperçoit point dans les dissolutions faites avec trop de précipitation. Cela posé, les anciens ont eu
raison de recommander les longues di-
gestions dans les dissolutions , sur-tout

quand on emploie des diſſolvans doux,
& lorſqu'on veut opérer des diſſolutions parfaites.

Il faut pareillement uſer de précautions dans la diſtillation des acides qui
ſe dégagent ſous la forme de vapeurs,
ſur-tout lorſque, ſe dégageant d'une ſubſtance, il s'uniſſent ſur le champ à une
autre ; but que l'on ſe propoſe dans les
cémentations, pour leſquelles il ſeroit
plus avantageux de ſe ſervir de vaiſſeaux de verre que de terre, parce
que par-là on ſeroit à portée d'obſerver plus attentivement ce qui ſe paſſe
dans ces ſortes d'opérations.

Mais comme, dans tous ces procé-
dès que l'on trouve décrits, on recommande de chauffer très-doucement, &
par degrés, les ſubſtances, le bon ſens
fait ſentir qu'il ne faut point, en précipitant l'opération, forcer les acides, qui
ſe dégagent ſous la forme d'une vapeur
legere, de ſe faire un paſſage au travers des jointures du vaiſſeau cémen-
tatoire, ou même de la briſer, mais
qu'il faut leur donner le tems de pénétrer les métaux en lames minces, &
de diſſoudre les ſubſtances qui s'y trou-

vent mêlées, & sur lesquelles ces acides
ont de la prise.

Pour remplir cette vue, il seroit
souvent utile de mettre les matieres
de la cémentation dans une cornue que
l'on placeroit d'abord au bain de sable,
ou même sur des cendres chaudes, en
opérant très-lentement. De cette maniere, on pourroit obtenir les acides qui
viennent à la fin ; ce que je dis en faveur de ceux qui veulent faire les opérations de la *gradation*, puisque Kunckel leur apprend que non seulement ce
qui fait l'objet de leurs desirs est en très-
petite quantité & très-volatil, mais
encore n'est point très-corrosif, &, par
conséquent, ne peut point agir très- vivement & très-promptement ; ce qui
prouve encore qu'il faut procéder avec
douceur, sans quoi l'on se trouve dé-
chu de ses espérances ; & l'on accuse
l'opérateur de n'avoir point usé d'assez
de précautions, d'autant plus qu'il est
difficile de décider s'il y a ou s'il n'y
a point de réalité dans ces sortes d'o-
pérations, lorsque l'on n'a point observé
toutes les circonstances.

Cela posé, il seroit très-bon de di-

viſer & d'atténuer préalablement le
matieres qu'on preſcrit d'employer
afin de les rendre plus ſubtiles & plu
pénétrantes : alors elles auront beſo
d'un moindre degré de chaleur pou
produire l'effet deſiré, & elles for-
meront des combinaiſons plus intime
deſquelles, ſi ce qu'on dit de ces opé
rations eſt vrai, dépend leur ſuccès
& alors il ſeroit égal de retranche
ou d'ajoûter quelque choſe au mé
lange preſcrit.

Si je n'étois fermement réſolu à n
rien dire qui puiſſe engager à tente
des procédés difficiles, je pourrois in
diquer quelques expériences qui ten
droient à faire connoître s'il y a d
la réalité ou non dans ce qu'on dit d
ces ſortes d'opérations ; mais, comme
ces travaux ſont communément entre-
pris par des hommes ſans principe
& ſans expérience, & incapables de
faire de bonnes obſervations, je me
ferois un ſcrupule de leur indiquer une
voie qui, au lieu de les conduire au
ſuccès, ne feroit que leur occaſionner
de la perte de tems & des dépenſes
inutiles. Je perſiſte donc dans ces ſen-

timens où j'ai été depuis long-tems ;
& plus j'avance, plus je crois devoir
être réservé la-dessus. La plûpart des
procédés, que l'on débite relativement
à la chrysopée, sont si embrouillés,
qu'en les suivant on seroit incapable
de réussir, même s'il y avoit quelque chose de vrai.

CHAPITRE XLII.

Des Sels des Métaux.

AYANT traité des sels dans cet
ouvrage, il faut encore parler de
ceux que les alchymistes ou philoso-
phes hermétiques prétendent tirer des
métaux. Mais, de même que j'ai fait
dans le *Traité du soufre*, je commen-
cerai par exposer leurs procédés, &
ensuite j'y joindrai mes propres remarques ; & j'examinerai s'il est vraisemblable que l'on puisse tirer des métaux quelque substance saline, qui, atténuée, puisse devenir susceptible d'en-

trer en une combinaison intime avec
d'autres principes, & de former de
nouveau avec eux une substance séche & fixe au feu.

Les principaux d'entre les alchymistes, & ceux qui ont parlé le plus
clairement de ce sel des métaux, sont
Isaac le Hollandois & Basile Valentin,
nous n'examinons point ici quels ont
été ces personnages, ni dans quel tems
ils ont vécu, ni s'ils ont tiré leur doctrine d'eux-mêmes, ou d'autres auteurs
qui les ont précédés.

Si l'on examine avec soin les œuvres
d'Isaac le Hollandois, on trouve que ses
procédés ont toujours pour objet final
une substance saline, qui peut, selon
lui, être tirée des parties les plus fixes
des métaux ou des minéraux. Parmi
ces derniers il place le soufre, l'arsenic, l'antimoine, l'alun & le vitriol,
sur lesquels il débite un grand nombre d'assertions. Mais il est bon de
remarquer que, ni lui ni Basile Valentin, non plus que plusieurs autres
qui ont écrit après eux, n'ont point
sçu qu'il entroit une portion considérable de métal réel dans le vitriol;

&, quoique Baſile Valentin parle beaucoup de *Mars* & de *Vénus*, &, dans
pluſieurs endroits, par *Vénus* déſigne
tantôt le vitriol lui-même, tantôt ſon
huile ou ſon acide, je ne vois pas
cependant qu'il ait fait entendre clairement dans aucun endroit, que le
vitriol contenoit, ſoit du fer, ſoit du
cuivre : cela eſt d'autant plus viſible
qu'en parlant de la maniere de tirer
un ſel du vitriol, il n'a jamais dit que
ce fût le même que l'on peut tirer du
fer ou du cuivre; au contraire, il parle,
en pluſieurs endroits, d'un ſel propre
au fer, ou *ſal martis*.

Quoi qu'il en ſoit, ces deux auteurs,
nous donnent la maniere de tirer les
ſels des vrais métaux. Quant à Iſaac
le Hollandois, il paroît que tous les
procédés épars dans ſes ouvrages ont
été rapprochés dans ſon petit traité
D. Salibus & Ole s Metallorum. Pour
Baſile Valentin, il ſemble avoir eu
principalement en vue le vitriol ; &,
dans ce qu'il appelle *ſes particuliers*,
il a indiqué des travaux qui ont du
rapport avec ceux du vitriol. Quoique dans ces *particuliers*, il en diſ-

tingue un de moindre importance, d'un
autre qu'il nomme *universel* & dont
il vante les effets. Quelles que soient les
idées que chacun de ses successeurs
s'est faites de son vitriol plus commun,
il est certain que Basile, ainsi qu'Isaac,
prétendent tous deux que l'on tire un
sel des dernieres parties de leur matiere,
de quelque nature qu'on la suppose; parties qui sont les plus fixes au feu. Quoiqu'ils ne nous ayent parlé ni du goût
de ce sel, ni de la méthode qu'ils ont
suivie pour l'obtenir, tous deux pourtant décrivent ce sel, 1° comme une
substance enveloppée de beaucoup de
parties terreuses & inutiles, auxquelles
elle est fortement unie, & qui, par
cette raison, n'est point miscible à l'eau
comme tout autre sel. 2° Ils nous
avertissent de bien prendre garde à
faire entrer cette substance en fusion
avec la terre inutile, qui l'accompagne,
par une trop grande chaleur, vu que
pour lors, ainsi vitrifiée, on ne pourroit plus la dégager. 3° Ils exigent
que l'on dégage cette substance, avec
précaution, de ses parties impures &
terrestres, à l'aide de dissolvans doux

& volatils. 4° Par ce moyen, ces sels sont disposés à se dissoudre facilement dans les fluides ; ce qui les rend semblables aux autres sels qui sont solubles dans l'eau. 5° Ils disent que ces sels doivent être dégagés de la partie aqueuse avec laquelle ils sont si intimement combinés, de maniere qu'au même degré de chaleur qui dissipe la partie aqueuse & les impuretés qui leur sont jointes, ces sels ne puissent point se dissiper en vapeurs, mais restent fixes au feu. 6° Il faut néanmoins qu'ils conservent un degré de fusibilité, qui les rende propres à se liquéfier comme de la cire, & au même degré de chaleur. 7° Il faut qu'en se refroidissant ils deviennent aussi durs & aussi secs que la glace. 8° Il faut qu'ils ayent le brillant & la transparence du crystal. 9° Quelques-uns de leurs disciples ajoûtent que ce sel, ainsi préparé par des élaborations réitérées, peut être mis en état de ne pouvoir plus se sécher ni au froid ni au chaud, & de demeurer toujours comme une huile, quant à la forme extérieure, & non quant à ce qu'on appelle propre-

ment sa graisse. 10° Mais , comme on
prétend que ce sel a la vertu de pénétrer toutes les substances comme
l'huile pénetre une peau , on sera dans
l'embarras de sçavoir dans quel vase
préparer une substance si pénétrante ,
vu sur-tout que l'on assure qu'elle pé-
nétre sur-tout les métaux & s'incorpore avec eux ; & d'ailleurs, mise dans
du verre ou dans des creusets de terre ,
elle entreroit en fusion avec eux , &
seroit perdue.

Si l'on examine les principales des
conditions requises dans ces sels métalliques , on en trouve deux , sçavoir , 1° qu'ils doivent être très-mous
& fusibles , & en même-tems ; 2° entiérement fixes au feu. C'est par ces
deux qualités que l'on prétend que ces
sels différent principalement des autres
terres mortes & inutiles, vu que, quoique ces dernieres soient très-fixes au
feu , elles peuvent à peine former du
verre au feu le plus violent , & , par
conséquent , sont incapables de pénétrer & de former des combinaisons
intimes. La chose est vraie , quant à la
derniere espece de terre , il s'agit donc

d'examiner s'il est vraisemblable qu'il existe dans les métaux une matiere telle qu'on décrit le sel des métaux, & s'il est possible de l'en tirer ou de le combiner avec eux.

CHAPITRE XLIII.

Si les Sels des Métaux y sont déja ou s'ils leur viennent d'ailleurs.

POUR sçavoir le jugement que l'on doit porter sur cette matiere, il faudroit décider une dispute qui porte plus sur des mots que sur le fond de la chose. On a pu voir par ce qui a été dit dans le *Traité du Soufre*, & sur-tout par les ouvrages de Kunckel, les peines qu'il s'est données pour bannir de la nature un principe propre à faire du soufre, qui soit en même tems colorant, que ce chymiste regarde comme une chimere. En conséquence de ce sentiment, il se

met en colere contre Bécher, & s'applique ce qu'il dit de ceux qui nient
l'exiſtence de ce principe. Cependant
Bécher ſemble être plus fondé, lorſqu'il regarde cette ſubſtance comme
le principe d'une infinité de combinaiſons, ſentiment qu'il appuie de
preuves plus fortes que celles dont
Kunckel ſe ſert pour appuyer le ſien,
joint à ce que celui-ci en recourant à
ſa *terre onctueuſe*, ſemble rétracter tout
ce qu'il avoit dit. Mais, comme Bécher avoit publié ſes idées ſur le principe ſulfureux, au moins dix ans avant
Kunckel, c'eſt dans le même tems
qu'il a fait connoître ſon ſentiment ſur
les ſels qu'il ne regarde point comme
des êtres ſimples & primitifs, mais
comme des êtres déja compoſés. Quoique cela ſoit vrai, par rapport à tous
les autres ſels, il a pourtant paru que
ce principe ſouffroit quelques difficultés, relativement à la ſubſtance ſaline,
que Bécher lui-même regarde comme
la plus pure & la plus approchante
de la combinaiſon primitive, ſçavoir
l'acide qui ſe trouve dans le ſoufre,
dans le vitriol & dans l'alun. Or Bé-

cher regarde cet acide comme formé par la combinaison d'une molécule terreuse, très-déliée, & d'une molécule d'eau; & il dit constamment que, lorsque cette molécule d'eau est séparée de la molécule de terre, celle-ci, amassée en une quantité sensible, devient très-compacte, très-fixe au feu & vitrifiable; &, d'après ces propriétés, il prétend qu'elle est le principe qui sert de base à la combinaison des métaux, & qui les rend fixes au feu & vitrifiables.

Kunckel convient de la même chose dans son *Laboratoire chymique*, où il dit expressément *que ce suc acide devient le vrai sel des métaux, ou y est contenu; je dis, devient, sapienti sat.* Et ailleurs il s'explique plus clairement en ces mots, *je dis pour l'amour du prochain, que le vrai sel des métaux est dans l'huile du vitriol; ce n'est pas qu'il le soit lui-même: une noix n'est pas la pulpe, quoique l'ensemble s'appelle noix; & la pulpe n'est pas toute la douceur, mais elle est encore entourée de beaucoup de parties grossieres. Sépare comme il convient,*

& tu feras un feigneur, & non un va-
let. (Sapienti fat.)

D'un autre côté, Kunckel fe fert
toujours de l'expreffion de *fel des*
métaux, tandis que Bécher foutient
qu'il n'y a point de fel véritable dans
les métaux, mais qu'il y a fimplement
une partie propre à former la combinaifon faline ; fur quoi il fe fonde
pour dire que tout ce qu'on tire des
métaux, fous une forme faline, eft
un être compofé. L'on pourroit conclure de-là, que Bécher eft d'un fentiment totalement oppofé à celui de
Kunckel, qui prétend qu'il entre dans
la combinaifon de tous les métaux un
fel qui fait un de leurs principes, tandis que Bécher prétend que tout fel
eft un mixte, qui, par fa combinaifon
avec l'eau, n'eft pas propre à entrer
dans la combinaifon intime des métaux.

Mais, fi l'on pefe les expreffions de
Kunckel, rapportées ci-deffus, l'on
trouvera qu'il s'accorde avec Bécher,
vu qu'il recommande expreffément
une derniere féparation, par laquelle
un corps falin puiffe être rendu pro-

pre à entrer dans la combinaison métallique. En voila affez fur cette dif-
pute de mots ; mais, comme Kunckel fe donne beaucoup de peine pour
faire croire que l'acide vitriolique,
qu'il dit être le fel le plus pur, le
plus fimple & le plus minéral pour
l'origine, contient le vrai fel des métaux, ou le devient ; & comme, jufqu'à préfent l'on ignore le moyen de
donner à ce fel une analogie, même
générale avec les métaux, bien loin
de pouvoir le rendre propre à entrer
dans la combinaifon intime de ces métaux au point de ne plus s'en féparer, d'après cela, il y a lieu de douter fi, tant qu'il reftera quelque combinaifon faline dans les fels que Kunckel appelle *fels des métaux*, ils pourront entrer dans la combinaifon des
métaux, & s'incorporer avec eux. En
effet, s'il eft raifonnable de préfumer
que rien d'aqueux ne peut entrer dans
la combinaifon, fur-tout des métaux
parfaits, il faudroit que le fel que l'on
nomme *métallique* put être mis à portée de fe dégager de fon eau, auffi-tôt
qu'il viendroit à toucher un métal au-

quel il pût se joindre, & communiquer sa partie séche & solide à la nouvelle combinaison.

Mais j'ai des raisons pour croire que ces sels, que Kunckel regarde comme vraiment tirés des métaux, contiennent une eau qu'il n'est point aisé d'en séparer : j'appuie ce sentiment sur la propriété qu'ils ont de se dissoudre avec facilité dans les fluides, & même sur ce que dit Kunckel, *que ces sels surpassent le sucre en douceur, & que leur saveur reste jusqu'au troisieme jour dans la bouche ;* effets qu'ils ne pourroient produire, s'ils ne contenoient des parties aqueuses, qui pénetrent bien avant dans les pores de la langue, où ces sels sont mis en action par les fluides qui y passent, jusqu'à ce qu'ils en soient entierement lavés & entraînés.

Il faudroit donc simplement que la parfaite fixité au feu, que les anciens alchymistes à attribuent ce sel, contribuât principalement à cet effet, vu qu'ils disent qu'il doit être très disposé à devenir fluide, quoiqu'incapable de s'évaporer ; car, quoique cette qualité soit tout-à-fait inouïe, & sans exemple, il fau-

droit néanmoins la regarder comme
vraisemblable, jusqu'à ce qu'on se fût
assuré de sa fausseté ou de sa réalité.

CHAPITRE XLIV.

*Des Raisons que l'on pourroit
avoir d'attribuer un Sel aux
Métaux ; que ce Sel est la
partie terreuse de l'Acide vitriolique & sulfureux.*

POUR ne rien omettre de ce qui
peut nous conduire à ce qui a
quelqu'apparence de vérité, je vais,
en peu de mots, joindre ici des observations qui semblent contribuer à
rendre probable la chose dont il s'a-
git.

Bécher prétend que l'acide vitriolique ou sulfureux renferme originai-
rement une substance terreuse très-subtile, très-fixe, & très-vitrescible.
Kunckel dit la même chose en d'au-

tres termes ; mais il prétend de même,
que l'acide vitriolique contient une
substance déliée, très-fixe au feu, qu'a-
près avoir été séparé, il est capable de
se combiner avec les métaux , & de
s'unir très-facilement , sur-tout avec
les métaux les plus purs , de la façon la plus intime , & de communiquer au mercure, qui est volatil par
lui-même , leur fixité indestructible.

Bécher suppose à ce même acide
la partie terreuse , la fixité , & la vi-
rescibilité qui se trouve depuis le dia-
mant jusques dans le sable , & qui se
montre dans les métaux qui sont fixes
au feu, qui lui resistent plus ou moins
long-tems , & qui s'y changent en
verre.

Si l'on entend Kunckel , on verra
qu'il attribue même cette derniere qualité à son sel métallique ; d'où l'on
voit qu'il ne manque à ces deux auteurs célébres que d'avoir expliqué
plus clairement leur théorie. Sur quoi
je me contente d'une remarque, qui
doit frapper tout homme qui fait des
réflexions , c'est que le sentiment de
Bécher s'appuie sur deux preuves so-
lides.

lides. L'une qui eſt celle dont il eſt ici queſtion, eſt inconteſtable, ſçavoir que l'acide vitriolique, quand il eſt dégagé de toute ſubſtance étrangere, contient une ſubſtance ſolide, terreuſe, très-fixe & vitreſcible, peut être réduit dans le même état que les ſables, les pierres qui ſont fixes & vitrifiables.

Cela poſé, l'on peut en ſecond lieu conclure très-poſitivement que cette ſubſtance a tiré ſon origine de ces ſortes de terres pour entrer dans l'état de ſel, & que, cela s'étant fait, on n'eſt point autoriſé à croire la choſe impoſſible.

Après avoir fait cette remarque, je paſſe à la demonſtration même de la choſe. Bécher dans toute ſa *Phyſique ſouterreine*, nous dit qu'il y a une ſubſtance terreuſe, contenue dans l'acide vitriolique & ſulfureux : c'eſt aux lecteurs attentifs à examiner s'il a prouvé d'une façon claire ce qu'il avance ; & je voudrois moi-même l'apprendre d'eux. Il y a plus de quarante ans que les obſervations de Kunckel m'ont fait voir qu'il avoit rendu cette vérité palpable; mais je ne fçais fi, dans fes écrits, tant publiés que non publiés, il s'eft expliqué plus clairement que Bécher. Il eft vrai que ce dernier dit en un endroit, *que les molécules terreufes, contenues dans les diffolvans acides, peuvent en être dégagées par l'efprit-de-vin*, mais comme je ne fçache pas qu'il en faffe mention ailleurs, perfonne n'y a fait attention & ne l'a compris. Pour moi, je fçais à n'en pouvoir douter, la peine que l'on auroit à exécuter ce procédé; car avec de l'efprit-de-vin groffier & huileux, on ne pourroit fe flater de réuffir, & fes effets ne font point comparables à ceux du véritable efprit-de-vin le plus pur.

Il me paroît que Kunckel eft le premier qui s'en foit apperçu; mais il n'a pas plus faifi la vraie caufe que Glauber à l'égard de fon fel admirable. Celui-ci, ayant fait du foufre avec des fubftances végétales & animales, en a conclu que ce foufre fe trouvoit tout formé dans les plantes & dans les animaux, & a cru que fon fel admirable ne faifoit que l'en extraire pour le manifefter; mais j'ai trouvé que ce fel n'y contribuoit en rien, & que l'on pouvoit compofer & produire du foufre avec de l'acide vitriolique & toutes fortes de charbons.

Kunckel avoit bien remarqué que, lorfqu'on mêloit une huile effentielle avec l'acide vitriolique, une grande portion de cette huile fe convertiffoit en eau, & qu'il reftoit une terre féche & incombuftible; & il a cru que cette terre, finon entiérement, du moins pour la plus grande partie, venoit de l'huile effentielle. Pour moi, fur-tout par l'exemple du foufre ordinaire, j'ai prouvé que cette grande quantité de terre ne pouvoit point venir de l'huile qu'on avoit employée, mais venoit plutôt du foufre total; & comme le foufre, à l'exception d'une portion très-petite, n'eft dans fon entier que cet acide très-faturé, je fuis demeuré convaincu qu'il s'étoit converti dans cette terre, tandis que l'eau, qui, étoit combinée avec lui s'étoit diffipée.

C'eft ainfi que je fuis parvenu à la démonftration qui avoit été fi difficile pour Bécher; & j'ai trouvé que l'a-

cide vitriolique ou fulfureux eft compofé d'une fubftance terreufe, fixe,
vitrefcible, combinée avec de l'eau.

Comme ce qui vient d'être dit
prouve évidemment que l'acide vitriolique contient une quantité confidérable de fubftance terreufe, il n'y a rien
qui empêche auffi de croire que l'on
puiffe la féparer & l'atténuer de maniere à pouvoir être plus propre à
entrer dans des combinaifons métalliques & minérales, qu'elle ne l'étoit
avant d'entrer dans les combinaifons
dont on l'a tirée, & lorfqu'elle étoit
& plus groffiere & plus abondante,
& qu'étant combinée exactement avec
la partie inflammable des huiles, elle
eft incomparablement moins propre à
entrer dans d'autres combinaifons intimes.

Si je ne craignois de faire naître la
tentation de faire des expériences
pour la pierre philofophale, je pourrois rapporter des procédés, dont celui qui les décrit promet un fuccès pareil à celui que Kunckel annonce, en
difant que, *l'acide vitriolique peut devenir le vrai fel des métaux ;* mais

j'y suis d'autant moins porté, que je n'ai pas moi-même examiné ces procédés d'assez près. D'ailleurs un chymiste, privé d'expérience & de lumieres, n'en tireroit pas plus de parti que l'on n'a fait jusqu'à présent.

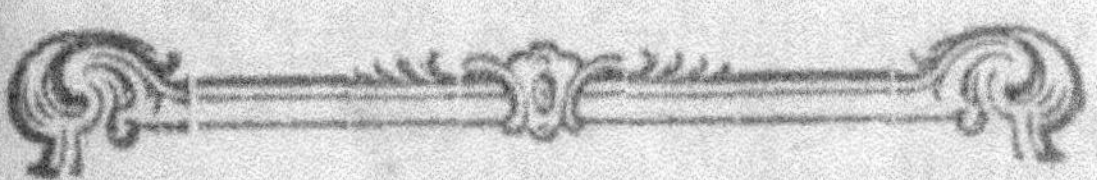

CHAPITRE XLV.

De la Terre qui résulte de la combinaison d'un bon Esprit-de-Vin avec l'Acide vitriolique, & que produit la substance huileuse qui est dans cet Esprit.

QUITTONS ce sujet pour justifier ce que j'ai dit plus haut, que Kunckel ne s'étoit pas bien expliqué dans son expérience remarquable sur les huiles essentielles. C'est ce qui se voit encore très-clairement dans son *Laboratoire chymique, Partie IV, Chapitre 4*, où il parle de la distillation de l'esprit-de-vin mêlé, avec les précautions requifes, avec de l'huile de vitriol, qui laiffe au fond de la cucurbite une matiere noire, luifante & fixe au feu. Il regarde cette fubftance comme une terre qui s'eft dégagée fimplement de l'efprit-de-vin, qui, après y avoir été atténuée & divifée, eft devenue une terre groffiere & morte. Perfonne ne pourra ni croire ni concevoir que l'acide vitriolique, qui attaque les terres avec tant de rapidité, n'ait fait que précipiter celle-ci au fond du vaiffeau, & cela, d'autant plus que l'on ne trouve plus dans la liqueur fpiritueufe, qui paffe, ni la qualité corrofive ni l'acidité de l'huile de vitriol : la chofe devient encore plus incompréhenfible, vu que Kunckel a foutenu, peu auparavant, que l'efprit-de-vin ou l'efprit ardent contient non-feulement un acide, mais encore eft lui-même un acide, ou du moins renferme un *fal duplicatum.*

Or, comment l'acide vitriolique, qui a tant de force, pourroit-il avoir converti un de ces fels en terre, & en avoir fait une fubftance morte & fixe au feu ? ou comment une fi grande

quantité d'un acide si puissant, eût-elle
pu être amortie par l'un de ces sels
doublés, au point de perdre non-seulement toute son acidité, mais encore
toute saveur?

Il est vrai que je pourrois appor-
ter une expérience qui prouve qu'une
très-petite quantité, quant au poids,
d'une substance peut produire un changement pareil sur cet acide si puissant,
au point de le rendre non-seulement
insipide, mais même plus volatil qu'auparavant, & cela, par un moyen qui
est de la même nature que ce qui est
contenu dans l'esprit-de-vin, quoique
cette derniere substance soit dans un
degré de consanguinité plus éloigné,
& doive sa naissance à d'autres combinaisons.

En effet, quand, suivant la méthode
que j'ai clairement expliquée & dé-
montrée, je fais du soufre avec cet
acide, je démontre très-promptement
que, sans le secours, ni d'un *acidum* ni
d'un *frigidum*, d'une substance ni terreuse ni volatile, je puis amortir &
rendre insipide une grande quantité de
cet acide si puissant. De plus, sans y

joindre la moindre chofe, je puis le rendre cent fois plus volatil que l'efprit-de vin le plus réctifié. Ce qui fournit des preuves bien plus fortes que toutes celles de Kunckel, & ce qui démontre la vérité de l'axiome philofophique, *E quibus aliquid fit, & in quâ refolvitur, ex illis conflat*, furtout, fi l'on joint à cette expérience celle du foufre, que j'ai mife à la fin de mon *Traité du Soufre*, & dont j'ai montré l'æthiologie & les corollaires.

Mais, pour en revenir aux explications de Kunckel & pour les comparer entr'elles, il nous dit que, lorfqu'on combine de la maniere fufdite, l'acide vitriolique avec les eaux-de-vie de France, de vin du Rhin, de grains, de miel, de fucre, de fruits, on trouvera que ces mêlanges fe coloreront d'un rouge-brun plus ou moins foncé, tandis que l'eau-de-vie tirée par la chaux fera d'une couleur pâle ; effet qu'il attribue à ce que cet efprit ardent a laiffé une portion de fa terre vifqueufe dans la chaux ; & même il prétend qu'il a perdu une portion confidérable de fon acide.

Il feroit à propos d'examiner d'abord

ce que c'est qu'un esprit ardent, &
de quoi il est composé ? Kunckel l'appelle plus haut un *sel liquide & double*, (*sal liquidum & duplicatum.*)
Avant d'aller plus loin, il est question
de sçavoir si cet esprit ardent, dans
son poids & son volume entier, est un
sel de cette espece ; ou contient aussi
de l'eau ; je dis une grande quantité
d'eau, qui soit si fortement combinée
avec le reste de sa substance, soit saline, soit d'une autre nature, que l'on
ne puisse l'en séparer sans décomposer totalement sa combinaison ? Il est
vrai que Kunckel semble répondre à
cette question, vu qu'il dit, que par la
simple distillation sur la chaux, cet esprit ardent se convertit en eau pure.
Mais comme le fait est vrai, c'est trèsmal-à-propos qu'il l'appelle un simple
sel liquide, vu que l'on ne connoît
point, dans la nature, de sel sous une
forme liquide, qui exige une quantité
d'eau, aussi démesurée, que celui qu'on
suppose dans l'esprit ardent, pour se
tenir en dissolution. De plus, un pareil esprit, dès la premiere fois, devroit
être très-aqueux ; ce qui n'arrive point,

vu que Kunckel dit qu'on le trouve plus volatil & plus subtil.

Ce chymiste, d'après sa méthode pour rectifier l'esprit ardent, auroit dû envisager la chose très-différemment, vu que pour cet effet, il mêle cet esprit, à plusieurs reprises, avec de l'eau pour le distiller de nouveau ; ce qui auroit dû lui faire remarquer que plus on alloit doucement, & mieux on réussissoit. Il remarque très-bien que la premiere eau devient plus trouble que la seconde ou la troisieme. Il a aussi dit clairement qu'elle étoit fétide ; mais il auroit bien fait de ne point parler de la *terre visqueuse*, qu'il suppose dans cet esprit. Un enfant seroit à portée de juger de l'odeur de cette eau trouble, sur-tout, si on lui avoit une fois fait sentir, quelque tems auparavant, l'odeur de l'huile qui passe avec toutes les eaux-de-vie, & sur-tout avec celle qu'on distille des lies de vin, ou ce qu'en allemand l'on appelle *vorsprang*, c'est-à-dire ce qui passe d'abord, qui est assez chargé de cette huile, & qui, par conséquent, non-seulement se trouble, quand on le mêle avec de l'eau, mais encore donne une bonne quantité d'huile, comme Kunckel le dit très-nettement. Voyez *Laboratoire chymique*, *Partie IV*, *Chapitre 4*.

Mais, comme un esprit ardent bien fort se charge aisément de cette partie huileuse, & a beaucoup de peine à s'en séparer parfaitement, il seroit naturel de penser que, tant que l'on trouve une pareille odeur dans cet esprit, il contient une portion d'une pareille huile. Kunckel lui-même, reconnoissant que plus un esprit ardent est dégagé de cette substance qu'il regarde aussi comme une huile, moins il dépose de terre morte, il auroit pu se dispenser de tant parler du *viscidum* qu'il prétend entrer dans la combinaison intime de l'esprit ardent. Kunckel indique la maniere d'enlever cette substance à cet esprit, par le moyen de la chaux; & par-là, lorsqu'on le combine ensuite avec l'huile de vitriol, non-seulement il est moins coloré; mais encore par la distillation, il donne beaucoup-moins de cette terre; mais on pourra

également réuſſir , en ſe ſervant d'un
alkali fixe , dont on ne prendra point
une trop grande quantité , ſur lequel
on laiſſera quelque tems ſéjourner l'eſprit ardent , que l'on diſtillera enſuite ,
en obſervant de recevoir à part la
portion la plus ſpiritueuſe , que l'on
mêlera de nouveau avec de l'eau
pour la rediſtiller de nouveau. De
cette maniere , la diſſolution alkaline ,
qui reſtera ſur-tout de la premiere diſtillation , ſera trouble , tandis que l'eſprit , qui aura paſſé , ſera totalement dégagé de l'odeur & du goût qu'il avoit
précédemment.

CHAPITRE XLVI.

Preuves que l'esprit ardent contient non-seulement une terre, mais encore une huile réelle.

QUOIQUE ce qui vient d'être dit semble prouver suffisamment que la terre fixe & noire, qui se produit par la combinaison d'un bon esprit-de-vin avec l'acide vitriolique, ne vient point d'une substance visqueuse, mais de la substance vraiment huileuse, qui est dans cet esprit, il nous reste pourtant encore à faire deux remarques qui confirmeront mes principes ; sçavoir, 1° que cette terre ne vient point simplement de l'esprit ardent ou des substances qui entrent dans sa composition ; 2° qu'il existe réellement une substance huileuse dans l'esprit ardent, même lorsqu'il a déposé cette terre grossiere.

A l'égard de la premiere remarque, j'en appelle à Kunckel lui-même, qui, dans ſes *obſervations*, lorſqu'il parle des principes chymiques, des ſels, &c. rapporte l'expérience très-remarquable de la terre qui ſe ſépare des huiles eſſentielles ou diſtillées, & ajoute *qu'il ne faut pas en conclure que cette terre vienne uniquement de l'huile diſtillée, mais que l'huile de vitriol a contribué, de ſon côté, à ſa production.*

Il eſt vrai qu'il donne pour raiſon, 1° que l'acide, qui repaſſe à la diſtillation, n'eſt point, à beaucoup près, auſſi fort qu'il étoit auparavant ; 2° que ſa terre eſt ſéparée ; 3° qu'il y a plus d'eau ; & la raiſon qu'il donne de cette derniere circonſtance, c'eſt que l'eau de l'huile de vitriol s'y eſt mêlée.

Mais, ſi l'on avoit d'abord dégagé l'huile de vitriol de tout ſon phlegme, & ſi l'on avoit examiné le poids & le volume de l'eau, qui eſt venu enſuite, en diſtillant doucement, après que la ſubſtance terreuſe en queſtion s'en eſt ſéparée, on trouveroit une quantité d'eau beaucoup plus grande en

volume & en poids qu'on n'y a mis
d'huile ; je dis d'huile volatile, végétale, essentielle : d'où l'on voit que
Kunckel , quoique très-intelligent
d'ailleurs , n'a point examiné la chose
avec toute l'exactitude qui seroit à desirer.

Il n'a pas mieux considéré comment
il étoit possible qu'un huile si legere
& si volatile pût donner la moitié de
son poids total d'une terre grossiere,
compacte, noire & très-fixe au feu.
Une expérience importante , qu'il n'a
vue que superficiellement, lui eût pu ouvrir les yeux ; je veux parler de la suie
qui se dégage des huiles ténues , qu'il
regarde simplement comme des terres , sans faire attention à la maniere
dont cette suie , sous la forme d'une
flamme , se dissipe dans l'air, sans laisser aucun vestige après elle ; caractere
que l'on ne peut point trouver dans
une terre ordinaire. Cependant il auroit dû faire attention au poids si petit de
cette suie, comparé à celui de l'eau, qui
lui étoit joint précédemment, & qu'il auroit pu retenir ; & même la couleur de
cette suie n'auroit-elle pas dû lui faire

soupçonner que cette substance, quoiqu'elle se change en une terre par sa
combinaison avec l'acide vitriolique,
est la même qui produit dans cette
terre la couleur noire, quoique, combinée avec l'eau, elle ne nuise point à
sa limpidité ?

De plus il auroit dû voir que cette
substance qui, sans aucune addition, se
dégage, de la façon la plus prompte
d'avec l'eau, conserve jusques dans sa
derniere molécule & sa legéreté &
son inflammabilité qui se montrent,
pour peu qu'on en approche un fil allumé. Tandis qu'ensuite elle change,
& pour le poids & pour le volume,
& se montre sous une forme solide &
compacte, qui ne s'enflamme plus ; ensorte que l'accroissement de son poids
& son peu de disposition à s'enflammer, doit lui être venu de quelque
nouvelle matiere qui s'est associée avec
elle, & qui l'a comme enveloppée.

Comme ce qui vient d'être dit
prouve assez ma premiere assertion,
il me reste à prouver, en peu de mots,
la seconde, sçavoir que, dans l'esprit
ardent le plus pur, il existe réellement

une substance huileuse, même lorsqu'il a une fois déposé une portion de cette terre qui étoit fortement combinée avec lui.

Il faut d'abord, dans l'expérience en question, se servir d'un esprit ardent & d'un acide vitriolique qui soient tous deux très-purs, & privés d'eau, autant qu'il est possible. Cela posé, si l'on fait le mélange avec trois parties d'esprit ardent le plus pur, & une partie d'acide vitriolique très-concentré, en prenant les précautions nécessaires, sur tout lorsque le mélange est en grande quantité, on pourra doucement continuer la distillation, tant qu'il viendra quelque chose. Lorsque la liqueur ne vient plus que lentement, on pourra mettre à part ce qui a passé d'abord, & continuer à distiller en augmentant la force du feu : enfin on ira jusqu'à faire rougir la matiere noire, qui restera.

Si l'on mêle la liqueur, qui a passé la premiere, dans une assez grande quantité d'eau de pluie distillée, ce qui se fait le plus commodément dans un matras dont le col en soit rempli

jufqu'à moitié , dans laquelle ou on
laiſſera repoſer le mélange quelques
jours , ou on le mettra à une digeſtion douce , on verra à ſa ſurface une
huile très-limpide , très-volatile &
d'une odeur très-pénétrante , qui , ver-
ſée ſur de nouvel eſprit ardent , ſe con-
fond ſur le champ avec lui. D'un autre côté, la préſence de cette ſubſtance
huileuſe ſe montre en ce que, lorſqu'elle
eſt dans cette liqueur premiere , ou
même dans celle qui ſuit , elle rend
l'eau laiteuſe , comme ſont toutes les
huiles eſſentielles combinées avec l'eſprit-de-vin. Il faut ſeulement prendre
garde que la bouteille ſoit bien bou-
chée , parce que cette huile ſe diſſipe
avec une très-grande promptitude.

Mais , comme trois parties d'eſprit-
de-vin pourroient être trop peu contre une partie d'huile de vitriol bien
concentré , l'on pourroit ceſſer la diſtillation, lorſque la liqueur, qui paſſe en
dernier lieu , commence à montrer de
l'acidité , & l'on pourroit remettre de
nouvel eſprit-de-vin ſur le réſidu ; car
l'eſprit-de-vin ainſi combiné , pour être
bon, ne doit avoir aucun ſigne d'acide ,

mais doit avoir un goût aſtringent agréable, mêlé d'une odeur d'acide ſulfureux volatil.

Un chymiſte intelligent pourra, à froid & en un inſtant, dégager cet acide vitriolique d'avec l'eſprit ardent, & le recouvrer dans ſa force primitive ; &, au bout d'un demi quart d'heure il pourra les mettre dans des vaiſſeaux ſéparés ; ſans employer pour cela ni alkali fixe, ni alkali volatil ; ce qui ne ſerviroit qu'à maſquer ou envelopper cet acide, ſans rendre l'opération plus courte.

J'ai dit un chymiſte intelligent, non que je faſſe un myſtere d'une choſe qui ſe fait journellement par les gens les moins verſés dans les opérations de la chymie ; car tout chymiſte, qui découvrira ce prétendu myſtere, ſera honteux de ne s'en être pas plutôt aviſé. L'inadvertance met ſouvent de très-grands obſtacles aux expériences les plus communes & les plus faciles. Quelques exemples ſuffiront pour prouver ce que je dis.

Lorſque je prépare d'une certaine façon du mercure coulant, ſans l'expo-

fer au feu, ni fans le fublimer, & fans
y joindre ni du fel marin, ni du fel
ammoniac, ni du fel gemme, ni rien qui
contienne de l'acide du fel marin, je
fuis cependant en état de le fublimer
& d'en faire du mercure doux, fimplement avec du petit-lait.

Si l'on met ce mercure fublimé doux
dans une diffolution d'argent, ce métal
fe précipite en lune cornée, tandis que
l'eau-forte attaque le mercure ; & l'on
peut la décanter pour la féparer de l'argent précipité.

Je prends du mercure coulant : en
deux ou trois heures de tems, je le prépare fans aucun fel, quoiqu'on puiffe le
trouver tout préparé dans toutes les
bonnes boutiques d'épiciers ; je le
mêle avec la lune cornée précédente,
& je donne à ce mêlange un feu convenable : par-là il fe fublime de
nouveau mercure doux, femblable
à celui qui a été employé la premiere
fois.

Cependant dans la premiere expérience l'argent, s'étoit chargé de l'acide
uni avec le mercure doux, tandis que
le mercure étoit paffé dans l'eau-forte

qui tenoit auparavant l'argent en dissolution.

Mais, si l'on y ajoûte une autre petite préparation, la médaille se retourne, & l'argent lui rend l'acide du sel marin, auquel il étoit joint, de façon qu'il est forcé de s'en aller; & l'argent dégagé de tout acide reste au fond du vaisseau.

Ceci peut nous fournir un moyen tout nouveau pour réduire la lune cornée; en quoi je ne prétends point donner de grandes espérances aux alchymistes, quoique le mercure, qui aura souvent passé par cette sorte d'opération, pût peut-être leur paroître plus merveilleux qu'un autre.

Mais, pour revenir à notre sujet, il est certain que, puisqu'il y a dans l'acide du soufre ou du vitriol une aussi grande quantité de terre que le prouvent les faits que j'ai rapportés, il ne répugne point à la raison de croire que cette substance puisse encore en être séparée sous une forme plus subtile, plus pure, &, par conséquent, plus fusible; qualités essentielles, que les auteurs exigent de leurs sels métalliques.

En effet, quoique la substance terreuse, qui s'est dégagée de cet acide, étant rapprochée par les substances huileuses, n'ait plus sa pureté primitive, à cause de la matiere inflammable des huiles, qui s'y est incorporée, comme le prouve sa couleur noire, cependant l'on voit qu'elle peut devenir extrêmement subtile, vu qu'elle se dissipe, à l'air avec la plus grande célérité.

Cela suffit pour justifier la promesse que j'ai faite de prouver qu'il est vraisemblable que les assertions de ces auteurs alchymiques n'ont rien d'impossible ou qui répugne à la nature des choses.

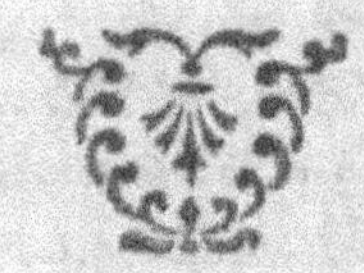

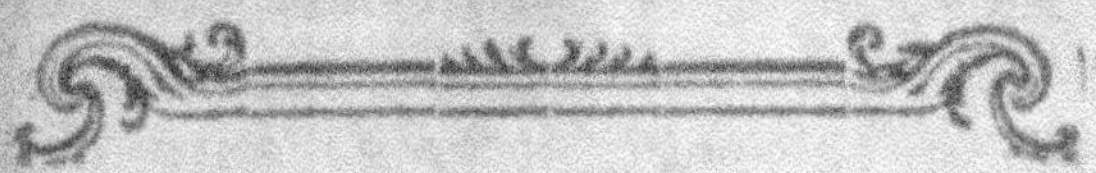

CHAPITRE XLVII.

De l'Usage des Sels métalliques pour la prétendue transmutation des Métaux.

IL me reste encore quelque chose à dire au sujet des sels des métaux, en avertissant cependant que personne ne doit s'embarquer dans des recherches qui peuvent égarer, malgré les assurances des alchymistes tant anciens que modernes. Les anciens en ont parlé clairement comme d'une chose très-importante, les modernes, malgré la haute idée qu'ils en avoient n'en ont rien dit, par ignorance plutôt que pour en faire un mystere.

Il y a déja quarante-six-ans que Kunckel, dans ses *observations* publiées en 1676, a soutenu l'existence des sels des métaux. Il a été jusqu'à assurer très-positivement qu'un *sel de saturne*

de sa façon avoit produit son effet sur
du mercure, c'est-à-dire, l'avoit converti en argent.

Dans un autre endroit du même ouvrage, il dit avoir réitéré la même opération, quoique, dans cet endroit, il n'ait
peut-être point regardé la substance
qu'il avoit faite, comme la même que
celle qu'il avoit antérieurement nom-
mée *sel métallique*, &, faute de connoître le parti qu'il pouvoit en tirer, il n'a
pu réussir dans son procédé, comme
il l'avoue lui-même. Cependant Kunckel, ni dans cet endroit ni ailleurs, ne
dit rien, d'après ses maîtres, qui indique combien ils se sont occupés de la
recherche de ce sel, & qui fasse sentir que, sans cette pierre angulaire, le
reste de leurs travaux a dû être inutile, ou du moins qu'ils ont été dans
l'impossibilité de fournir la moindre
preuve de la réalité de leur art.

Je dirai donc en faveur des ama-
teurs de l'art hermétique, soit qu'ils
prennent mon assertion pour une plai-
santerie ou pour une réalité, que, d'a-
près leurs docteurs, & en suivant littéralement leurs idées, je me fais fort

d'établir

d'établir & de prouver un axiome, sans pourtant en garantir le succès, vu qu'il n'est pas fondé sur mes propres idées, mais sur les leurs. Voici donc cet axiome.

Quiconque ne sçait point faire de l'argent abondamment & avec profit, ne peut pas non plus se flatter de faire de l'or abondamment & avec profit. Ce principe est plus clair que celui qu'ils expriment d'une façon plus obscure en disant, que *celui qui ne sçait pas convertir l'or en argent, ne peut pas non plus convertir l'argent en or.* En supposant la vérité des prétentions de ces auteurs, ce principe doit être regardé comme certain, & même comme de la derniere importance. Si Kunckel y eut fait attention, il n'eût, sans doute, pas manqué d'y ajoûter, à son ordinaire: *Sapienti sat*; il paroît néanmoins par quelques endroits de son *Laboratoire chymique,* avoir eu cette vérité en vue.

Quoi qu'il en soit, je conclus cet ouvrage dans lequel je me flate d'avoir démontré d'une façon incontestable le second principe de Beccher, qui dit que *les sels sont formés par la combinaison très-intime de particules terreuses & de molécules aqueuses;* & d'avoir fait voir de plus, que le principe de l'inflammabilité se combine si fortement avec la partie terreuse des sels que leur union est non-seulement capable de résister à l'action du feu, mais encore est plus intime que dans toute autre combinaison.

FIN.

TABLE
DES MATIERES
Contenues dans ce Volume.

Acide du sel marin (l') agit sur les métaux
à-peu-près de la même maniere que l'acide
vitriolique, quant à sa combinaison, & non
quant à sa façon de les attaquer,   p. 218

  dissout assez facilement le fer : il dissout
le cuivre, & même l'étain ; il ne dissout le
mercure que très-difficilement, & quand il
est bien concentré : il a encore plus de peine
à dissoudre le plomb & l'argent ; mais il les
attaque, si on l'applique à une dissolution de
ces métaux dans l'acide nitreux,   *ibid.*

  Concentré dans le sublimé corrosif, lorsqu'il en est dégagé par la chaleur, il attaque
l'argent & le plomb ; il dissout même la
partie réguline de l'antimoine & l'étain, &
forme avec eux un beurre ou huile figée,
  ibid.

  est celui des trois acides, qui a le moins
de force pour agir sur les substances qui se
laissent dissoudre par les trois acides : l'alkali
fixe, par exemple, l'acide nitreux, & l'acide
vitriolique l'en dégagent,   p. 222 & suiv.

  Quoique plus foible que les autres acides,
il ne laisse pas d'attaquer l'argent, le plomb
& le mercure, par préférence à l'acide nitreux, & même à l'acide vitriolique, p. 230

  L'argent qu'il tient en dissolution peut en
être dégagé par le plomb ; celui-ci par le régule d'antimoine, ou par l'étain,   p. 242

  s'attache par préférence au cuivre, au
fer & au zinc,   *ibid.*

  peut être dégagé du mercure par l'argent
& les autres métaux, dans l'ordre ci-dessus,
  ibid.

  crystallise avec l'argent, le plomb & le

mercure ; mais il demeure fluide avec le fer
& le cuivre ; & il l'est tellement avec le régule d'antimoine qu'il attire l'humidité de
l'air ,   p. 263

Acide du sel marin (l') s'attache bien plus
fortement que l'acide nitreux à l'argent, au
plomb, & même au mercure, puisqu'un feu
très-doux dégage l'acide nitreux de ces métaux ; au lieu que le feu le plus violent n'en
dégage pas l'acide marin qui, dans les vaif-
seaux fermés, fait un mélange fluide avec
ces métaux, capable de percer les vaiffeaux,
& qui, expofé à l'air, s'évapore avec le
métal qu'il a diffous ,   *ibid.*

On peut dégager, à l'aide du plomb, dans
les vaiffeaux fermés, celui qui s'est attaché
à l'argent, & à l'aide de l'antimoine, celui qui
est adhérent à l'argent , & même au plomb,
                                           p. 264

ne diffout point entiérement le fer qui eft
privé de fon phlogiftique,   p. 290

n'attaque les métaux que par le côté de
leur partie mercurielle, p. 293. -- Preuves,
                          p. 305 , 346 & fuiv.

diffout une moins grande quantité de fer
que l'acide nitreux,   p. 298

La raifon pour laquelle il eft fi corrofif
dans le mercure fublimé, vient de ce qu'il
s'attache à ce demi-métal plus de cet acide
qu'il n'en faut pour fa faturation, p. 348.
Cette furabondance rend vraifemblable la
grande analogie de ce fel avec la combinaifon interne du mercure ,   p. 349

ne fait point d'effervefcence, lorfqu'il quitte
le fublimé corrofif, pour s'unir à l'antimoine

dans la préparation du beurre d'antimoine,
p. 352

tiennent évidemment le plus de phlogistique,
mais encore ceux dans la combinaison desquels il entre beaucoup plus de principe
mercuriel ou de vrai mercure, quoiqu'ils contiennent moins de phlogistique en apparence,
p. 305

Acide nitreux. Lorsqu'on le distille avec
une quantité convenable de sel marin, il arrive souvent qu'on trouve une substance
grasse qui nage à la surface,   p. 336

Etant enlevé, à plusieurs reprises, de dessus le mercure dans lequel on l'a dissous,
non-seulement il lui laisse une couleur rouge;
mais encore il lui demeure si fortement uni,
que, contre sa nature, il résiste à une chaleur
assez forte,   p. 346

perd son goût ou son acidité, lorsqu'il est
combiné avec un alkali, de la craie, de la
chaux, des yeux d'écrevisses, des coquilles
d'huitre ou d'œufs, p. 347 & suiv. -- Le
même effet arrive avec le plomb, p. 348.
Avec le fer & le cuivre, il prend un goût
astringent. Avec l'argent & le mercure, il
devient très-corrosif,   *ibid.*

(le même) qui dissout avec très-peu d'effervescence le plomb ou le mercure fait une
effervescence très-forte avec l'argent, &
même avec le cuivre, plus vive encore avec
l'étain, le régule d'antimoine & le fer, la plus
forte de toutes avec le zinc, p. 352. -- Mais
si l'on précipite une dissolution d'argent avec
des lames de cuivre, il ne se fait point d'effervescence. La même chose arrive dans les
autres dissolutions métalliques, p. 352 & suiv.

s'échauffe sensiblement avec les métaux,

S v

vaisseaux séparés, sans employer pour cela
ni alkali fixe, ni alkali volatil, p. 403

Acides (les) concentrés des minéraux contribuent à la végétation, lorsqu'ils ont été disposés à cet usage, au moyen d'une terre
subtile, & sur tout d'une matiere grasse,
 p. 43.

On est fondé à douter si ceux qu'on retire
du nitre ou du sel marin pour la distillation
desquels on est obligé d'avoir recours à des
intermedes, sont bien purs, p. 82

(liqueurs) On en retire des bois résineux
& compactes, même lorsqu'ils sont secs; mais
elles sont ameres, p. 165

Le premier effet général qu'ils nous montrent, est de s'attacher fortement aux substances séches; ce qu'on appelle dissoudre,
 p. 166

agissent différemment sur les différens métaux, p. 167

qui n'ont point encore été affoiblis par
l'eau font présumer, & montrent des effets
divers que l'on ne peut point en attendre,
lorsqu'ils sont étendus dans de l'eau, p. 210

C'est avec les alkalis fixes qu'ils s'unissent
par préférence à toutes les autres substances,
 p. 213

Après les alkalis fixes, les alkalis volatils
sont la substance à laquelle ils ont le plus de
disposition à s'unir. De ces combinaisons résultent les sels ammoniacaux, p. 214

Ordre dans lequel ils s'unissent aux substances terreuses & métalliques, p. 215

Quelques-uns qui paroissent ne point agir
sur certains métaux, agissent cependant ef-

verfe une diffolution également faturée de
cuivre par l'acide du fel marin, chaque acide
quitte fon métal pour s'unir à l'autre, fans
aucune effervefcence,   p. 353

Argille, (l') qui fe durcit le plus au feu
fans fe vitrifier, n'eft pas propre à fervir d'intermede pour la decompofition du nître ou
du fel marin, comme la glaife qui ne prend
pas de forte liaifon & ne fait que devenir
friable, ou fe vitrifier par l'action du feu,
                                         p. 63

Celle qui prend le plus de liaifon au feu,
& ne fe vitrifie point de tout, fe diffout
dans les acides qni n'ont point de prife fur
la glaife,   *ibid.*

BARNER a connu que le nitre contient
une partie alkaline,   p. 17

BASILE VALENTIN fait les plus grands
éloges du phlegme d'un fel qu'on peut conjecturer être du tartre vitriolé,   p. 76

eft un des chymiftes, qui a parlé le plus
clairement du fel des métaux,   p. 372

a ignoré que le vitriol contient un métal
réel,   *ibid.*

parle beaucoup de *Mars* & de *Vénus*, &
par *Vénus* entend, tantôt le vitriol, tantôt
fon acide. Il fait mention d'un fel du fer, *fal
martis*,   p. 373

donne la maniere de tirer les fels des vrais
métaux. Mais il paroît avoir eu principalement le vitriol en vue dans fes travaux, *ibid.*

BECCHER; fes idées fur la compofition
des corps du règne minéral,   p. 5

Ce qu'il entend par terre,   *ibid.*

ait prétendu le contraire, vu qu'on ne peut y trouver l'acide nîtreux, p. 85

La poudre blanche qui tombe lorsqu'on la précipite avec une diſſolution d'argent, n'eſt point dûe au ſel marin, comme on l'a cru, mais à une portion de l'acide vitriolique qui a paſſé à la diſtillation, p. 279

Lorſqu'on la diſtille en grand dans des vaiſſeaux de verre, on obſerve que le col de la cornue qui ſort hors du fourneau, eſt rempli de petits cryſtaux oblongs & compactes, quoique minces, qui reſſemblent à un ſel volatil. Il diſparoît à la fin, lorſque les vapeurs jaunes ceſſent : cependant le col de la cornue demeure toujours couvert comme d'un enduit de pouſſiere, p. 281. --- Ce ſel eſt une eſpece de ſel ammoniacal, p. 282

Eaux (les) qui ſont & qui demeurent longtems limpides, lorſqu'on les conſerve dans des vaiſſeaux de verre, ou même lorſqu'on les fait bouillir dans des vaiſſeaux découverts, ne dépoſent pas, à beaucoup près, une quantité de terre auſſi conſidérable que lorſqu'on les fait bouillir dans des vaiſſeaux couverts, p. 338. --- Cette terre étoit diſſoute par quelque ſel qui la tenoit en diſſo-

T vj

se forment dans les atteliers, p. 12, ---- & par la détonation de l'étain, du fer & du régule d'antimoine avec le nitre, 　　　　p. 12

Inflammable, (principe) est rendu aux mines qui l'ont perdu dans la calcination par la partie charbonneuse du tartre, qui est dans le *flux noir*, 　　　　p. 14

dans les métaux imparfaits est la cause de la ductilité & de la fusibilité métallique, p. 15

lorsqu'il est attenué, volatilise la substance acide grossiere du vitriol & du soufre, p. 16

Porté à son plus grand degré d'attenuation, comme dans la flamme, a le pouvoir, en pénétrant par les fentes des vaisseaux distillatoires, de rendre l'acide grossier & pesant, du vitriol aussi volatil que celui qu'on obtient du soufre en le brûlant très-doucement, p. 211

n'est point susceptible d'une expansion semblable à celle qu'on remarque dans les effervescences qui accompagnent les dissolutions, p. 359. --- Cependant, lorsqu'il est bien attenué & bien combiné avec l'eau, il rend l'eau plus susceptible de cette expansion, p. 360

Isaac le Hollandois, est un des chymistes qui a parlé le plus clairement du sel des métaux. Ses procédés ont tous pour objet final une substance saline, qui peut, selon lui, être tirée des parties les plus fixes des métaux ou des minéraux, 　　　　p. 372

n'a pas sçu qu'il entroit une partie de métal réel dans le vitriol, 　　　　*ibid.*

donne la maniere de tirer le sel des vrais métaux. Tous ses procédés ont été rapprochés dans son Traité *De Salibus & Oleis Metallorum*, 　　　　p. 373

l'acide du foufre ou du vitriol , il fe fait un nouveau vitriol, ou du vitriol régéneré, p. 75

Mercure. Ses fublimations rouges confirment le fentiment de *Beccher* , qui dit que la fubftance fulfureufe eft fufceptible d'une combinaifon interne métallique , p. 132

Lorfqu'il eft diffous dans de l'efprit de nitre bien concentré , fi l'on déphlegme la diffolution, qu'on la verfe toute chaude dans une quantité de fel marin, le mercure fe précipite d'un brun rouge , *ibid.* --- Si l'on fait fublimer ce précipité d'une façon convenable fans y mêler d'autre métal, on y trouve des raies rouges , femblables à ce qui eft appellé dans l'*Alchymia denudata* , Soufre métallique ou Cinnabre métallique lunaire ,

p. 133

Cette expérience prouve les effets de l'acide nitreux fulfureux , *ibid.* --- Il y entre quelques portions de nitre , *ibid.*

Une livre de bon acide nitreux en diffout trois quarterons , p. 169

Quand on met des lames de plomb dans cette diffolution , il tombe une poudre groffiere , comme du fable fin , qui n'eft qu'un amas de cryftaux formés par la combinaifon de l'acide nitreux & du plomb ; & le mercure fe révivifie , p. 207

L'acide du fel tout feul ne fuffit pas pour le diffoudre de façon à former un fel concret, qu'on puiffe fublimer ; au lieu que concentré, il l'attaque par la fublimation & la précipitation , p. 209 & fuiv.

L'acide vitriolique ne l'attaque , que lorfqu'il eft bouillant ou en le dégageant d'un

Y v

V vj

Fin de la Table des Matieres.

ten, premier Médecin de la Reine de Hongrie , *in-12*, nouvelle édition.
2 l.

Description de la Vessie urinaire de l'homme, & des Parties qui en dépendent ; par *Parsons*, in-12, *avec Fig.*
2 l.

Desmographie, ou Description des Ligamens du Corps humain ; par M. *Tarin*, in-8°, *Fig.*
3 l.

Dictionnaire des Prognostics , ou l'Art de prévoir les bons ou mauvais évènemens dans les maladies ; par M. *D. T.* docteur en médecine , *in-12*, 1770,
2 l. 10 s.

Dictionnaire portatif d'Anatomie , & de Physiologie, *in-*8°, 2 vol. petit format.
10 l.

Dictionnaire portatif de Chirurgie & Pharmacie , *servant* de suite au Dictionnaire de Santé, *in-*8°, petit format, *avec Fig.*
5 l.

Dictionnaire portatif de Santé , dans lequel tout le monde peut prendre une connoissance suffisante de toutes les maladies : des différens signes qui les caractérisent chacune en particulier : des moyens les plus sûrs pour s'en préserver : & des remedes les plus efficaces pour se guérir : & enfin de toutes les Instructions nécessaires pour être soi-même son propre médecin ; par M. *L****, ancien Médecin des Armées du Roi, & M. *D. B****, méde-

cin des Hôpitaux, *in-8°*, 2 vol. troi-
fieme édition.   9 l.
Differtation anatomique fur une Mala-
die de la Peau, d'une efpece fort rare
& fort finguliere; traduite de l'italien
de *Curzio*; par M. *V.* in-12, *broch.*
                                   1 l. 4 f.
Effai fur la Maniere de perfectionner l'ef-
pece humaine; par M. *Vandermonde*,
D. M. P. *in-12*, 2 vol.   5 l.
Effai fur les Alimens, pour fervir de
Commentaire aux Livres diététiques
d'*Hippocrate*; par M. *Lorry*, D. M. P.
in-12, 2 vol.   5 l.
Effai fur les maladies de Dunkerque, par
M. *Tully*, médecin, in-12.   2 l.
Effais fur les Vertus de l'eau de Chaux,
pour la guérifon de la pierre, de M.
Whytt; & la Méthode de diffoudre la
Pierre par la voie des injections de
M. *Butler*, traduits par M. *Roux*, D.
M. P. nouv. édit. in-12.   2 l. 10 f.
Effais anatomiques, contenant l'hiftoire
exacte de toutes les parties qui com-
pofent le corps de l'homme, avec la maniere de les découvrir & de les démontrer, ornés de figures; par M. *Lieutaud*,
nouvelle édition, *in-8°*.   7 l.
Expofition anatomique de toutes les parties du Corps humain, par M. *Winflow*,
nouvelle édition faite fur un exemplaire
corrigé & augmenté par l'Auteur, à laquelle on a joint de nouvelles figures
& tables qui en facilitent l'ufage, & la

Vie de l'Auteur, *in-12*, 4. volumes.
                                        12 l.

Familles des Plantes ; par M. *Adanson*,
    de l'Académie Royale des Sciences,
    in-8°, 2 vol.   12 l.

Formation du Cœur dans le poulet ; par
    M. de *Haller*, in-12, 2 vol.   5 l.

Historia anatomico-medica, sistens nu-
    merosissima cadaverum extispicia, qui-
    bus in apricum venit genuina morbo-
    rum sedes ; horumque obviæ siunt
    causæ, vel referantur effectus ; auctore
    Lieutaud, cum observationibus *Portal*,
    in-4°, 2 vol.   20 l.

Historia Morborum Uratislaviensium ;
    auct. *Haller*, in-4°.   8 l.

De l'Homme & de la reproduction des
    différens individus, pour servir d'in-
    troduction à l'Histoire naturelle de M. *de
    Buffon*, in-12, *br.*   1 l. 10 f.

Instituts de Chymie de M. *Spielmann*,
    traduits par M. *Cadet*, & revus par
    M. *Devilliers*, in-12, 2 vol. 1770. 6 l.

Instructions succintes sur les Accouche-
    mens, &c. par M. *Raulin*, in-12, petit
    format, 1770, *Fig.*   2 l.

Introduction au Dictionnaire de Santé,
    in-8°, petit format,   5 l.

Journal de Médecine, Chirurgie, Phar-
    macie, &c. in-8°. *Il en paroît un Ca-
    hier chaque mois, qui se vend seize sols.
    On souscrit pour les douze Cahiers, par
    an, 9 liv. 12 sols. Le port par la Poste
    est 4 sols par Cahier, dans toutes les*

Villes du Royaume, que l'on paye d'a-
vance.

Lettres fur la Minéralogie & la Métallurgie, in-8°.   2 l. 10 f.

Mémoires fur la nature fenfible & irrita-
ble des Parties du corps animal ; par
M. *de Haller*, in-12, 4 vol.   10 l.

Mémoires fur le Mouvement du fang ;
par M. *de Haller*, in-8°.   3 l.

Méthode de tailler au petit appareil, traduite du latin d'*Heifter*, in-8°, 2 l. 10 f.

Méthode de traiter les plaies d'armes à
feu, par M. *Ranby*, premier Chirurgien du Roi d'Angleterre, in-12. 2 l.

Méthode générale d'analyfes, ou Recherches phyfiques fur les moyens de
connoître les Eaux minérales ; traduite
de l'anglois par M. *Cofte*, Médecin,
in-12.   2 l. 10 f.

Minéralogie ou Nouvelle Expofition du
Règne minéral, avec un Dictionnaire
nomenclateur, & des Tables fynop-
tiques ; par M. *Valmont de Bomare*,
in 8°, 2 vol.   10 l.

Nouvelles Obfervations fur le Pouls in-
termittent, de M. *Cox*, médecin de
Londres, pour fervir de fuite aux *Re-*
cherches fur le Pouls, par rapport aux
Crifes ; par M. *de Bordeu*, D. M. P.
in-12, nouv. édit.   2 l. 10 f.

Obfervations chirurgicales fur les Maladies de l'urèthre, traitées fuivant une
nouvelle méthode ; par M. *Daran*,
Chirurgien du Roi, cinquieme édition,
in-12,   2 l. 10 f.

Observations de Chirurgie pratique, par
Chabert, in-12.   2 l. 10 f.

Opuscula minora ; auctore *Haller*, in-4°,
Fig. deux vol. en un.   15 l.

Opuscula pathologica ; auctore *Haller*,
in 8°, *Fig.*   3 l.

Opuscules chymiques de M. *Margraf*,
publiés & corrigés par lui-même, in-12,
2 vol.   5 l.

Parallele de la Taille latérale de M. *Le Cat*,
avec celle du Lithotome caché, *in-8°*,
Figures.   6 l.

Pathologie de M. *Gaubius*, traduit par
M. *Sue* le jeune, in-12, 1770.   3 l.

Pharmacopée galénique & chymique de
Charras , nouvelle éditition augmentée
par M. *Lemonier*, D. M. P. in-4°. 12 l.

Physiologia Corporis humani ; auctore
Haller, in-4°, 8 vol.   96 l.

Précis de Chirurgie pratique, contenant
l'histoire des Maladies chirurgicales ,
par M. *P***, *in-8°*, 2 vol. *Fig.*   10 l.

Précis de la Médecine pratique ; par
M. *Lieutaud*, troisieme édition , augmentée, in-8°, 2 vol. 1769.   10 l.

Précis de la Matiere médicale ; par le
même, in 8°, 2 vol. 1770.   11 l.½

Recueil des Remèdes faciles & domesti-
ques ; par Madame *Fouquet*, in-12,
2 vol. derniere édition.   5 l.

Recueil sur l'Electricité médicale , dans
lequel on a rassemblé les piéces publ.ées
sur les moyens de guérir, en électrifant
les malades , seconde édition , in-12,
2 vol.   5 l.